"十三五"职业教育国家规划教材
中等职业教育农业农村部"十三五"规划教材

畜禽解剖生理

第三版

盖晋宏 主编

中国农业出版社
北　京

内容简介

本教材共分六个单元,分别介绍了畜禽有机体基本结构,牛(羊、猪)解剖生理特征,犬、猫解剖生理特征,马属动物解剖生理特征,家禽解剖生理特征及经济动物解剖生理特征等内容。本教材适用于中职学校相关专业,也可供有关专业人员参考。

第三版编审人员

主　编　盖晋宏
副主编　李凡林
编　者　（以姓名笔画为序）
　　　　李凡林　周汉柱
　　　　孟庆华　徐海滨
　　　　盖晋宏
审　稿　周其虎

第一版编审人员

主　编　周其虎（山东畜牧兽医职业学院）
参　编　凌　丁（广西农业学校）
　　　　林　刚（重庆万县农业学校）
　　　　兰俊宝（山东省长清职业中学）
审　稿　王典进（山东畜牧兽医职业学院）

责任主审　汤生玲
审　稿　李佩国　刘金福

第二版编审人员

主　　编　周其虎（山东畜牧兽医职业学院）
参　　编　凌　丁（广西农业学校）
　　　　　林　刚（重庆万县农业学校）
　　　　　兰俊宝（山东省长清职业中学）
　　　　　徐海滨（山东畜牧兽医职业学院）
审　　稿　王树迎（山东农业大学）

中等职业教育国家规划教材出版说明

为了贯彻《中共中央国务院关于深化教育改革全面推进素质教育的决定》精神，落实《面向21世纪教育振兴行动计划》中提出的职业教育课程改革和教材建设规划，根据教育部关于《中等职业教育国家规划教材申报、立项及管理意见》(教职成[2001]1号)的精神，我们组织力量对实现中等职业教育培养目标和保证基本教学规格起保障作用的德育课程、文化基础课程、专业技术基础课程和80个重点建设专业主干课程的教材进行了规划和编写，从2001年秋季开学起，国家规划教材将陆续提供给各类中等职业学校选用。

国家规划教材是根据教育部最新颁布的德育课程、文化基础课程、专业技术基础课程和80个重点建设专业主干课程的教学大纲(课程教学基本要求)编写，并经全国中等职业教育教材审定委员会审定。新教材全面贯彻素质教育思想，从社会发展对高素质劳动者和中初级专门人才需要的实际出发，注重对学生的创新精神和实践能力的培养。新教材在理论体系、组织结构和阐述方法等方面均做了一些新的尝试。新教材实行一纲多本，努力为教材选用提供比较和选择，满足不同学制、不同专业和不同办学条件的教学需要。

希望各地、各部门积极推广和选用国家规划教材，并在使用过程中，注意总结经验，及时提出修改意见和建议，使之不断完善和提高。

教育部职业教育与成人教育司

2001年10月

第三版前言

《畜禽解剖生理》第三版延续前两版的编写原则,即"以能力为本位,以岗位为目标",淡化学科体系,重视能力培养。本教材将畜禽解剖生理内容划分成6个单元,31个课题。以便于让学生掌握各种畜禽有机体基本解剖结构和生理特征,具备畜禽疾病防治人员、检疫人员和饲养管理人员所必需的畜禽解剖生理的基本知识和基本技能,为后续的专业课打好基础。

本教材编写特点如下:

1. 提高了图片质量。对上一版不够清晰的插图进行了重新绘制,图片细节上更清楚。有针对性地增加了一些图片,使教材更具直观性与可读性。

2. 内容做了一定的删减。对于那些与后续课程及实际生产应用联系不大的内容进行了大量删减,如各器官的组织结构,仅保留了能保证学生理解相关内容所必需的一些组织学知识,使教学针对性更强。

3. 部分章节增加了"小贴士"等栏目。活跃了版面,并有助于学生学习、拓展知识和深入理解一些相关概念。

参加本教材编写的人员有盖晋宏(山东畜牧兽医职业学院)、李凡林(安徽省阜阳农业学校)、孟庆华(江苏省盐城生物工程高等职业学校)、周汉柱(广东省高州农业学校)、徐海滨(山东畜牧兽医职业学院)。由盖晋宏统稿,山东畜牧兽医职业学院周其虎教授审稿。在编写过程中,山东畜牧兽医职业学院解剖生理教研室的教师提出了许多宝贵意见,在此一并表示感谢。

如今社会发展越来越快,对职业教育的要求也在不断发生着变化,鉴于作者水平有限,教材中难免存在不足之处,望广大师生提出宝贵意见。

编 者

2018年5月

第一版前言

本教材是依据教育部制定的《中等职业学校畜牧兽医专业〈畜禽解剖生理〉教学大纲》编写的。供中等农业职业学校畜牧兽医专业使用。

本教材编写始终遵循职业教育"以能力为本位，以岗位为目标"的原则。淡化学科体系，重视能力的培养。全书除绪言外，共分为五章，即畜体的基本结构、牛的解剖生理、猪的解剖生理特征、马的解剖生理特征、家禽的解剖生理特征和经济动物的解剖生理特征。本教材有如下特点：

1. 把各种动物的解剖生理内容分开讲授，以牛为主，其他动物只讲特征。

2. 把各种动物的消化、生殖、免疫系统作为重点，而对运动、神经系统内容则做了大量删减。这样，教材既紧密联系生产实际，又突出知识点和技能点。具备了适用、够用、实用的特点。

3. 强调实践教学和技能训练，把实验实习和技能训练作为教学内容的重要组成部分，使知识教学和技能教学紧密结合，融为一体。

4. 每一章前面都有教学目标，后面附有复习思考题，便于教师把握教学重点，也便于学生自学。

我国幅员辽阔，各地家畜的种类、比例有很大区别，各地对人才的需求也不尽相同。所以，在组织教学的过程中，可根据教学大纲和当地生产时间制定实施性教学计划，对各部分内容的讲授可有所侧重。但大纲要求掌握的教学内容必须保质保量完成。实验实习、技能训练、技能考核，也可在理论知识讲完后立即进行，也可在教学实习周集中进行。

本教材在充分领会教学大纲精神的基础上，经过认真讨论，制定了编写提纲，然后分工编写。具体分工是：绪言、第1章和第2章的第1、2、3、4、8、9、10、11节由周其虎编写；第2章的第5至7节和第4章、第5章由凌丁编写；第3章由林刚编写；第6章由兰俊宝编写。最后由周其虎统稿，王典进高级讲师审定。在编写过程中，黑龙江畜牧兽医学校覃正安老师和山东省畜牧兽医学校范作良、朱俊平老师，提出了许多宝贵意见，并对部分初稿进行了审阅，在此一并表示感谢。

本书内容充实简要,理论联系实际,在内容编排上也做了大胆的尝试。它既是中等职业学校畜牧兽医专业学生的专用教材,也可作为基层畜牧兽医人员的自学教材和参考书。但由于编者水平有限,错误之处在所难免,恳切希望广大师生提出宝贵意见。

编 者
2001年7月

第二版前言

本教材是依据教育部制定的《中等职业学校畜牧兽医专业〈畜禽解剖生理〉教学大纲》编写的。供中等农业职业学校畜牧兽医专业使用。

畜禽解剖生理是中等农业职业学校畜牧兽医专业的一门专业基础课。它的任务是使学生具备畜禽疾病防治人员、检疫人员和饲养管理人员所必需的畜禽解剖生理的基本知识和基本技能,为学生进一步学习专业知识和技能,提高全面素质,增强适应职业变化的能力和继续学习的能力打下基础。

本教材编写始终遵循职业教育"以能力为本位,以岗位为目标"的原则。淡化学科体系,重视能力的培养。全书除绪言外,共分为六章,即畜体的基本结构、牛的解剖生理、猪的解剖生理特征、马的解剖生理特征、家禽的解剖生理特征和经济动物的解剖生理特征。本教材有如下特点:

1. 以动物为主线设计教材结构,即把各种动物的解剖生理内容分开讲授。具体做法是以牛(羊)为重点,详细讲授其解剖结构和生理特征,其他动物则只讲特征。

2. 把各种动物的消化、生殖、免疫系统作为重点,而对运动、神经系统内容做了大量删减。这样,教材既紧密联系生产实际,又突出知识点和技能点,具备了适用、够用和实用的特点。

3. 强调实践教学和技能训练,把实验实习和技能训练作为教学内容的重要组成部分,使知识教学和技能教学紧密结合,融为一体。

4. 每一章前面都有教学目标,后面附有复习思考题,便于教师把握教学重点,也便于学生自学。

我国幅员辽阔,各地家畜的种类、比例有很大区别,各地对人才的需求也不尽相同。所以,在组织教学的过程中,可根据教学大纲和当地生产时间制定实施性教学计划,对各部分内容的讲授可有所侧重。但大纲要求掌握的教学内容必须保质保量地完成。实验实习、技能训练、技能考核,既可在该章(节)理论知识讲完后立即进行,也可在教学实习周集中进行。

本教材在充分领会教学大纲精神的基础上，经过认真讨论，制定了编写提纲，然后分工编写。参加编写的人员有周其虎、凌丁、林刚、兰俊宝、徐海滨。最后由周其虎统稿，山东农业大学王树迎教授审定。在编写过程中，山东畜牧兽医职业学院解剖生理教研室的老师提出了许多宝贵意见，在此一并表示感谢。

本书内容充实简要，理论联系实际，在内容编排上也做了大胆的尝试。但由于编者水平有限，错误之处在所难免，恳切希望广大师生提出宝贵意见。

编　者

2009 年 8 月

目 录

中等职业教育国家规划教材出版说明
第三版前言
第一版前言
第二版前言

绪论 ··· 1

单元一 畜禽有机体基本结构 ·· 2

课题1 畜禽有机体的细胞与组织 ··· 2
一、细胞 ·· 2
二、组织 ·· 5

课题2 器官、系统和有机体 ·· 10
一、器官 ·· 10
二、系统 ·· 10
三、有机体 ··· 11
四、畜禽体表各部位名称及方位术语 ·· 12

【实验实习与技能训练】 ·· 14
一、显微镜的构造、使用和保养 ·· 14
二、主要组织的识别（了解） ··· 15

【复习思考题】 ·· 16

单元二 牛（羊、猪）解剖生理特征 ·· 17

课题1 牛（羊、猪）运动系统 ·· 17
一、骨骼 ·· 17
二、肌肉 ·· 25

【实验实习与技能训练】 ·· 31
一、牛的全身主要骨、关节和骨性标志的识别 ···································· 31
二、牛全身主要肌肉和肌性标志的识别 ··· 31

【复习思考题】 ·· 32

课题2 牛（羊、猪）被皮系统 ·· 32
一、皮肤 ·· 32

二、皮肤的衍生物 ……………………………………………………………………… 33
　【实验实习及技能训练】 ……………………………………………………………………… 35
　　皮肤、蹄形态构造的识别 ……………………………………………………………… 35
　【复习思考题】 ………………………………………………………………………………… 36
课题3　牛（羊、猪）消化系统 ………………………………………………………………… 36
　　一、消化系统简介 ……………………………………………………………………… 36
　　二、消化系统各器官的结构与功能 …………………………………………………… 39
　【实验实习与技能训练】 ……………………………………………………………………… 53
　　一、牛（羊）消化器官形态、构造的观察识别 ……………………………………… 53
　　二、胃、小肠与肝的组织构造观察 …………………………………………………… 54
　　三、牛胃、肠体表投影区确认及瘤胃蠕动观察 ……………………………………… 54
　　四、小肠运动观察与吸收实验 ………………………………………………………… 55
　【复习思考题】 ………………………………………………………………………………… 55
课题4　牛（羊、猪）呼吸系统 ………………………………………………………………… 56
　　一、呼吸器官的结构与功能 …………………………………………………………… 56
　　二、呼吸运动 …………………………………………………………………………… 59
　　三、胸内负压及其意义 ………………………………………………………………… 60
　　四、气体交换与气体运输 ……………………………………………………………… 60
　【实验实习与技能训练】 ……………………………………………………………………… 62
　　一、呼吸器官形态构造的识别 ………………………………………………………… 62
　　二、肺组织构造的镜下观察与识别 …………………………………………………… 62
　【复习思考题】 ………………………………………………………………………………… 63
课题5　牛（羊、猪）泌尿系统 ………………………………………………………………… 63
　　一、泌尿系统的结构与功能 …………………………………………………………… 63
　　二、泌尿生理 …………………………………………………………………………… 65
　【实验实习与技能训练】 ……………………………………………………………………… 67
　　一、泌尿器官的识别 …………………………………………………………………… 67
　　二、肾组织结构的识别 ………………………………………………………………… 68
　【复习思考题】 ………………………………………………………………………………… 68
课题6　牛（羊、猪）生殖系统 ………………………………………………………………… 68
　　一、生殖系统的构造 …………………………………………………………………… 68
　　二、生殖生理 …………………………………………………………………………… 74
　　三、乳腺和泌乳 ………………………………………………………………………… 78
　【实验实习与技能训练】 ……………………………………………………………………… 80
　　一、牛、羊、猪生殖器官的观察 ……………………………………………………… 80
　　二、睾丸和卵巢组织构造的观察 ……………………………………………………… 80
　【复习思考题】 ………………………………………………………………………………… 80
课题7　牛（羊、猪）心血管系统结构及循环机制 …………………………………………… 81
　　一、心血管系统的结构与功能 ………………………………………………………… 81

二、血液 ··· 88
　【实验实习与技能训练】 ·· 93
　　一、心脏形态、结构的观察与认知 ·· 93
　　二、血细胞观察与分类识别 ·· 94
　　三、活体实习 ·· 94
　【复习思考题】 ·· 95

课题8　牛（羊、猪）免疫系统 ··· 95
　　一、免疫的概念及免疫系统的组成 ·· 95
　　二、免疫器官 ·· 95
　　三、免疫细胞 ·· 98
　　四、淋巴管 ·· 99
　　五、淋巴的生理意义 ··· 100
　【实验实习与技能训练】 ··· 100
　　一、牛（羊）淋巴结、脾形态结构和位置识别 ···························· 100
　　二、淋巴结和脾组织结构的观察 ·· 101
　【复习思考题】 ··· 101

课题9　牛（羊、猪）神经系统与感觉器官 ·································· 101
　　一、神经系统的构成 ··· 101
　　二、神经生理 ··· 106
　　三、感觉器官——眼 ··· 108
　【实验实习与技能训练】 ··· 109
　　一、脑、脊髓形态构造识别 ·· 109
　　二、反射弧分析 ··· 109
　【复习思考题】 ··· 110

课题10　牛（羊、猪）内分泌系统 ··· 110
　　一、概述 ··· 110
　　二、内分泌腺 ··· 111
　【实验实习与技能训练】 ··· 114
　　主要内分泌腺的形态、位置观察 ·· 114
　【复习思考题】 ··· 114

课题11　牛（羊、猪）体温 ··· 115
　　一、正常体温 ··· 115
　　二、体温相对恒定的意义 ··· 115
　　三、机体的产热过程和散热过程 ·· 115
　　四、体温的调节 ··· 116
　【实验实习与技能训练】 ··· 117
　　牛的体温测定 ·· 117
　【复习思考题】 ··· 117

单元三 犬、猫解剖生理特征 ... 118

课题1 犬、猫骨骼、肌肉与被皮 ... 118
课题2 犬、猫内脏的解剖生理特征 ... 120
课题3 犬、猫心血管及神经系统构造特点 ... 123
一、心血管构造特点 ... 123
二、神经系统构造特点 ... 123

【实验实习与技能训练】 ... 124
观察犬、猫内脏器官的位置、形态和结构 ... 124
【复习思考题】 ... 124

单元四 马属动物解剖生理特征 ... 125

课题1 马的骨骼、肌肉和被皮特征 ... 125
一、骨骼的特征 ... 125
二、肌肉的特征 ... 126
三、皮肤及其衍生物的特征 ... 126

课题2 马内脏解剖生理特征 ... 127
一、消化系统 ... 127
二、呼吸系统 ... 130
三、泌尿系统 ... 131
四、生殖系统 ... 131

【实验实习与技能训练】 ... 133
一、马全身骨、骨性标志、四肢关节和肌性标志的识别 ... 133
二、马主要内脏器官的识别 ... 134
三、马主要器官体表投影的识别 ... 134
【复习思考题】 ... 134

单元五 家禽解剖生理特征 ... 135

课题1 禽运动系统 ... 135
一、骨骼 ... 135
二、肌肉 ... 136

课题2 禽被皮系统 ... 137
一、皮肤构造 ... 137
二、皮肤衍生物 ... 137

课题3 禽消化系统 ... 138
一、消化系统的结构 ... 138
二、消化生理特点 ... 140

课题4 禽呼吸系统 ... 141
一、呼吸系统构造特点 ... 141

二、呼吸生理特点 …………………………………………………………………………… 142

　课题5　禽泌尿系统 ………………………………………………………………………………… 143
　　一、泌尿系统构造特点 ………………………………………………………………………… 143
　　二、泌尿生理特点 ……………………………………………………………………………… 143

　课题6　禽生殖系统 ………………………………………………………………………………… 144
　　一、公禽生殖系统特点 ………………………………………………………………………… 144
　　二、母禽生殖系统特点 ………………………………………………………………………… 145

　课题7　禽心血管系统和免疫系统 ………………………………………………………………… 146
　　一、心血管系统特点 …………………………………………………………………………… 146
　　二、免疫系统特点 ……………………………………………………………………………… 147

　课题8　禽内分泌系统与神经系统 ………………………………………………………………… 147
　　一、内分泌系统特征 …………………………………………………………………………… 147
　　二、神经系统与感觉器官特征 ………………………………………………………………… 148

　课题9　禽体温 ……………………………………………………………………………………… 149
　【实验实习与技能训练】 …………………………………………………………………………… 149
　　一、禽体表特征的识别 ………………………………………………………………………… 149
　　二、家禽的解剖方法与程序及家禽主要器官的识别 ………………………………………… 150
　　三、鸡的采血 …………………………………………………………………………………… 151
　【复习思考题】 ……………………………………………………………………………………… 151

单元六　经济动物解剖生理特征 ……………………………………………………………………… 152

　课题1　兔的解剖生理特征 ………………………………………………………………………… 152
　　一、解剖结构特征 ……………………………………………………………………………… 152
　　二、生理特征 …………………………………………………………………………………… 155

　课题2　狐、貂的解剖生理特征 …………………………………………………………………… 155
　　一、解剖结构特征 ……………………………………………………………………………… 155
　　二、生理特征 …………………………………………………………………………………… 158

　课题3　鹿的解剖生理特征 ………………………………………………………………………… 158
　　一、解剖结构特征 ……………………………………………………………………………… 158
　　二、生理特征 …………………………………………………………………………………… 160

　课题4　鸵鸟的解剖生理特征 ……………………………………………………………………… 160
　　一、解剖结构特征 ……………………………………………………………………………… 160
　　二、生理特征 …………………………………………………………………………………… 162
　【实验实习与技能训练】 …………………………………………………………………………… 163
　　　经济动物内脏器官的观察 ……………………………………………………………………… 163
　【复习思考题】 ……………………………………………………………………………………… 164

参考文献 ………………………………………………………………………………………………… 165

绪 论

畜禽解剖生理是研究正常畜禽的形态结构及其生命活动规律的学科，包括畜禽解剖学和畜禽生理学两部分。

1. 畜禽解剖学　研究正常畜禽形态结构及其发生发展规律的学科。因研究方法和对象不同，畜禽解剖学可分为大体解剖学、显微解剖学和胚胎学。

大体解剖学：通常所说的解剖学就是大体解剖学。大体解剖学描述肉眼可观察到的畜体各器官的形态、结构、位置及相互关系。

显微解剖学：又称为组织学。组织学研究显微镜下可见的畜禽细胞级别上的结构及其功能关系。

胚胎学：研究畜禽体发生发展规律的学科。胚胎学研究从受精卵开始到细胞分裂、分化，逐步发育成新个体的全部过程的形态、结构变化规律。

2. 畜禽生理学　研究畜禽有机体的生命现象及其机能活动规律的学科。如畜禽的新陈代谢、消化、呼吸、泌尿、生殖等生命现象及其内在的规律。

3. 学习畜禽解剖生理的意义　畜禽解剖生理是畜牧兽医专业的专业基础课。为病理学、药理学、内科学、外科学、临床诊断、传染病等兽医专业课以及畜禽饲养、畜禽营养、畜禽繁殖等畜牧专业课提供必要的基础知识。通过学习，了解畜禽有机体的结构和机能活动的规律，养成良好的思维习惯，更好地理解和把握专业课的内容。

> **小贴士**
>
> ### 什么是"形态"？
>
> 解剖学描述的内容之一就是形态，形态这个词包含了两个方面的意思，一方面是指机体或器官的外形，就是描述物体是圆的或是方的等几何学特征。另一方面就是指物体的状态，即物体的物理学特征，描述物体的软硬、轻重、颜色等。
>
> ### 什么是"结构"？
>
> 解剖学描述的另一方面的内容就是结构。结构也是两层含义，一是指机体或器官由许多部分组成，而各部分之间以特定的方式来连接，这是"结"的含义。二是指各部分之间联系的顺序，这是"构"的意思，如皮肤这个器官，上皮组织位于表面而结缔组织位于深层。机体及器官都是由特定的部分以特定的形式连接形成一个统一的整体。

单元一

畜禽有机体基本结构

课题1　畜禽有机体的细胞与组织

> **课题导航**
>
> 通过学习本课题，知道细胞的基本结构，知道细胞膜进行物质转运的方式，知道组织的概念，知道构成动物身体的基本组织及其结构特点，学会使用显微镜，能说出畜禽体表各部位的名称。

一、细胞

畜禽有机体是由细胞构成的。细胞是构成畜禽有机体最基本的结构和功能单位。也就是说，一个细胞就是一个独立的生命个体，如果细胞的形态结构丧失，那么生命就不存在了。

（一）细胞的形态

细胞的形态多种多样，有圆形、卵圆形、立方形、柱状、梭形、扁平形和星形等。细胞的形态与其所处的环境、执行的生理机能相适应。如在血液内流动的血细胞多呈圆形；接受刺激、传导冲动的神经细胞多呈星形，具有突起；能收缩和舒张的肌细胞呈长梭形或长柱状（图1-1）。

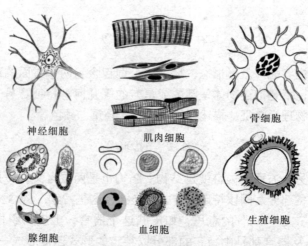

图1-1　细胞的形态

（二）细胞的结构

动物细胞由细胞膜、细胞质和细胞核三部分构成（图1-2）。

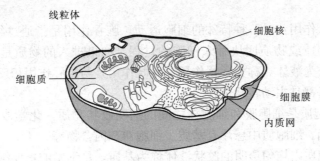

图1-2 细胞的构造

1. 细胞膜 位于细胞外表面的一层具有通透性的薄膜。

（1）细胞膜的构造。细胞膜很薄，在光学显微镜下看不清其结构。细胞膜的化学成分主要是脂类、蛋白质和糖类。"液态镶嵌模型"学说认为，细胞膜由规则排列的双层磷脂分子和嵌入其中的蛋白质分子构成，表面覆盖着糖类分子。

（2）细胞膜的生理功能（图1-3）。细胞膜把细胞与环境隔开，维持着细胞形态和结构的完整性，保护着细胞内容物，控制和调节细胞与周围环境间的物质交换，为细胞的生命活动提供相对稳定的环境。此外，细胞通过细胞膜与其他细胞相连接，接受环境信息，识别特定的物质，参与免疫反应等。

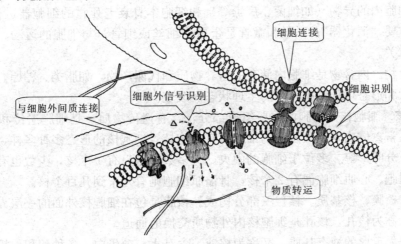

图1-3 细胞膜功能

细胞膜控制细胞与周围环境间的物质交换主要通过以下几种方式来进行。

单纯扩散：物质从浓度高的一侧透过细胞膜，向浓度低的一侧移动，不需要载体、不需消耗能量，是一种被动的物质转运方式。能使用这种方式转运的物质都是小分子，有不带电的分子，如苯、醇、乙醚、三氯甲烷等脂溶性物质，尿素、甘油等小分子物质，水及溶于水的O_2、CO_2等。

易化扩散：与单纯扩散相似，但物质通过细胞膜时需要细胞膜上蛋白质载体的帮助。如葡萄糖、氨基酸和无机离子等就是以此种方式透过细胞膜。

主动转运：对于不能通过扩散方式进出细胞膜的物质，细胞膜会通过膜载体，以消耗能量（ATP）做功的方式，由细胞膜的低浓度一侧向高浓度一侧进行物质转运。如 Na^+、K^+、Ca^{2+} 等。

胞吞作用和胞吐作用：是一种特殊的细胞运动，胞吞作用是指通过细胞膜的变形运动，将细胞外的大分子物质或物质团块吞入细胞的过程。如果进入的物质是固体，称为胞吞作用，如果进入的物质为液体，称为吞饮作用。胞吐作用是与胞吞作用相反的过程，常见于细胞的分泌过程。两者都是主动转运过程。

2. 细胞质 细胞质是细胞膜和细胞核之间的透明胶状物质，化学成分非常稳定，是细胞内生命活动的基础。细胞质中悬浮有基质、细胞器和内含物等。

（1）基质。细胞质内均匀透明的胶状液体称为基质，是细胞的重要组成部分，约占细胞质体积的一半。内含有蛋白质、糖、无机盐、水和多种酶类，各种成分保持稳定，是细胞生命活动的主要场所。

（2）细胞器。细胞器是细胞质内具有特定形态和执行特定生理机能的微小结构。动物细胞中的细胞器有线粒体、内质网、核糖体（核蛋白体）、溶酶体、高尔基复合体、中心体、微丝和微管。这些细胞器执行着各种各样的功能，如线粒体参与细胞内的物质氧化，合成ATP（三磷酸腺苷），给细胞提供能量，又有细胞"能量供应站"之称；内质网有合成、分泌、运输蛋白质以及参与糖原、脂类、激素的合成和解毒作用；核蛋白体（核糖体）的功能是合成蛋白质，又有"蛋白质的装配机器"之称；中心体参与细胞的分裂；高尔基复合体的作用是对细胞合成的物质进行加工、浓缩和包装，就像一个加工车间；溶酶体含有多种水解酶能把进入细胞内的异物（如细菌、病毒等）和细胞本身衰老死亡的细胞器进行消化分解，是细胞内的重要"消化器"；微丝和微管是蛋白质细丝或细管，与细胞的运动、支持、神经递质的运输有关。

（3）内含物。内含物是细胞内储存的营养物质和代谢产物，如脂类、糖原、蛋白质、色素等，其数量和形态可随细胞不同的生理状态而改变。

3. 细胞核 细胞核是细胞的重要组成部分，含有遗传物质，是细胞遗传和代谢活动的控制中心。在畜禽体内，绝大多数的细胞都有细胞核。细胞核的形态多种多样，有圆形、椭圆形、杆状、分叶形等，多位于细胞的中央。大多数细胞只有1个核，少数也有2个核或多个核。如肝细胞、心肌细胞偶有2个核，骨骼肌细胞则有几十到几百个核。

细胞核由核膜、核基质、核仁三部分构成。核膜是包在细胞核外面的一层界膜，核膜上有许多小孔，称为核孔。核孔是细胞核内外物质交换的通道。

核基质是无定形的液态基质，又称为核液，含有水、糖蛋白、各种酶和无机盐等物质。

核仁是细胞核内的球形小体，化学成分主要是核糖核酸（RNA）和蛋白质。其主要功能是形成核蛋白体，核蛋白体形成后，通过核孔进入细胞质内，参与蛋白质的合成。

细胞核内最重要的物质是染色质和染色体。染色质的主要成分是脱氧核糖核酸（DNA），呈长纤维状，在细胞分裂时，长纤维状的染色质复制加倍，高度螺旋化，变粗变短，形成棒状的染色体。

（三）细胞的生命活动特征

活细胞都具有以下基本生命活动特征。

1. 新陈代谢 新陈代谢是生命活动的基本特征。每一个活的细胞，在生命活动过程中，都必须不断地从外界摄取营养物质，合成自身需要的物质，这一过程称为同化作用（合成作用）；同时也分解自身物质，释放能量供细胞活动需要，并排出废物，这一过程称为异化作用（分解作用）。这两个过程的对立统一，就是新陈代谢。细胞的一切生命活动，都建立在新陈代谢的基础上，如果新陈代谢停止，就意味着细胞死亡。

2. 感应性 感应性是指细胞在环境变化时做出反应的能力。神经细胞、骨骼肌细胞以及腺细胞在环境变化时表现出的反应迅速而强烈，这3种细胞表现出的感应性也称兴奋性。

3. 运动 机体内的某些细胞有一定的运动能力，在不同的环境下，可表现出不同的运动形式。如吞噬细胞的变形运动、骨骼肌细胞的收缩与舒张运动、精子的鞭毛运动、气管上皮的纤毛运动等。

4. 细胞的生长与增殖 动物有机体的生长发育、创伤修复、细胞更新，都是细胞生长与繁殖的结果。细胞的体积增大，称为生长。细胞生长到一定的阶段，在一定的条件下，以分裂的方式进行增殖，产生新的细胞。细胞分裂仅表现为细胞数量的增加，新生细胞没有形态、结构及功能上的改变。机体通过细胞增殖，促进机体生长发育和补充衰老死亡的细胞。

5. 细胞的分化、衰老和死亡

（1）细胞的分化。细胞在分裂过程中发生形态、结构及功能上的改变称为细胞分化。所有动物都是由最初的一个受精卵细胞不断分化而来。高度分化的细胞分裂增殖能力差，如神经细胞、骨骼肌细胞等，由于其分化程度高，故损伤后很难再生。但动物出生后，在动物体内仍保存有未分化或分化程度很低的细胞，如疏松结缔组织内的间充质细胞、骨髓内的造血干细胞、卵巢内的卵母细胞和睾丸内的精母细胞等，具有很强的分裂增殖的能力。

（2）细胞的衰老。细胞衰老是细胞生命过程的必然规律。衰老细胞的主要表现为代谢活动降低，生理机能减弱，并表现出形态和结构的退化。具体表现为细胞体积缩小，细胞质浓缩而深染，嗜酸性增强；核浓缩，染色加深，结构模糊等。

（3）细胞的死亡。细胞死亡是细胞生命现象不可逆的终止。细胞的死亡有两种不同的形式，一种是细胞的意外性死亡或称为细胞坏死，它是由某些外界因素引起的，如局部贫血、高热造成的细胞急速死亡；另一种是细胞自然死亡或称为细胞凋亡，也称为细胞程序性死亡，它是细胞在衰老过程中，细胞的功能逐渐衰退的必然结果。

小贴士

19世纪德国植物学家施莱登和动物学家施旺提出了细胞学说，被恩格斯誉为19世纪人类最重要的三大发现之一。细胞学说从根本上论证了生物在结构上的统一性。就医学来说，动物体健康是因为构成动物体的细胞是健康的，而动物体生病，是由于生物体的某些细胞功能异常。

二、组织

畜禽有机体的组织由来源相同、形态结构和机能相似的细胞群和细胞间质构成，分为上皮组织、结缔组织、肌肉组织和神经组织四类基本组织。

（一）上皮组织

上皮组织由一层或多层紧密排列的细胞和少量的细胞间质构成。覆盖在动物的体表、内脏器官的表面和腔性器官的内表面，具有保护、吸收、感觉、分泌和排泄等功能（图1-4）。

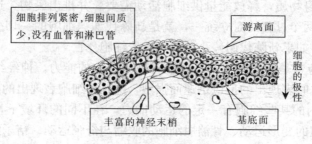

图1-4 上皮组织结构特点

上皮组织在形态结构上的特点是：上皮细胞呈层状分布，细胞多，间质少，细胞排列密集；上皮组织具有极性，就是说上皮细胞的一侧和另一侧有差别，一侧称为游离面，另一侧称为基底面，游离面朝向腔面或体表，基底面通过薄的一层基膜与深部的结缔组织相连；上皮组织无血管和淋巴管分布，其营养由结缔组织中的毛细血管供给；上皮组织内神经末梢丰富。

根据功能特点，上皮组织可分为被覆上皮、腺上皮和特殊上皮三类。

1. 被覆上皮 被覆上皮为上皮组织中分布最广的一类，根据细胞的排列层数，又可分为单层上皮和复层上皮（图1-5）。

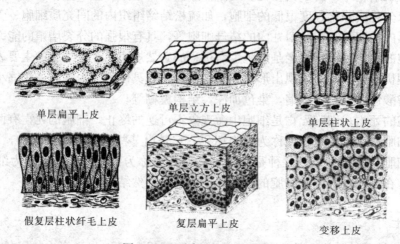

图1-5 不同上皮组织的形态

（1）单层上皮。顾名思义，单层上皮是由一层细胞构成，每一个细胞都与基膜相连。根据细胞的形态，单层上皮又可分为以下4种。

单层扁平上皮：细胞扁平，很薄，表面光滑，通透性好，利于物质通过。衬在心、血管、淋巴管内表面的单层扁平上皮又称为内皮，薄而光滑，有利于液体的流动；被覆在胸膜、腹膜、心包膜或某些脏器表面的称为间皮，光滑而湿润，可减少内脏器官在运动时的摩擦。

单层立方上皮：由一层立方细胞构成，核圆形，位于细胞中央，分布在甲状腺、肾小管等处，有分泌机能。

单层柱状上皮：由一层高柱状细胞构成，核呈椭圆形，位于细胞的基部。主要分布在胃、肠黏膜，具有吸收、保护作用。

假复层柱状纤毛上皮：由一层高低不等、形态不同的上皮细胞构成。由于各细胞的细核高低不同,看起来像多层而得名。细胞的游离缘有纤毛。主要分布在呼吸道黏膜,有保护和分泌作用。

(2)复层上皮。由两层以上的细胞构成,具有良好的再生和保护功能。根据其结构特点分为两种。

复层扁平上皮:由数层细胞紧密排列而成,表层细胞呈扁平形,中间几层细胞呈多边形,深层细胞多为立方形。深层细胞有分裂繁殖的能力,可补充表层衰老死亡的细胞。主要分布在皮肤表面和口腔、食道、阴道的内表面,具有保护作用。

变移上皮:由多层上皮细胞构成,其特点是上皮细胞的层数、形态可随器官的胀缩而发生改变。当所分布的器官空虚时,细胞可达5~6层,表层细胞体积大,呈立方形;当器官扩张时,细胞的层数减少至2~3层,表层细胞呈扁平形。主要分布在膀胱、输尿管等处,有保护作用。

变移上皮(低倍)

2. 腺上皮 腺上皮由具有分泌机能的上皮细胞组成。以腺上皮为主要成分构成的器官,称为腺体。腺上皮细胞多呈立方形,核较大,位于细胞中央。

3. 特殊上皮 特殊上皮指具有特殊功能的上皮,包括感觉上皮、生殖上皮。感觉上皮是与视觉、味觉、嗅觉和听觉有关的上皮;生殖上皮是与生殖有关的上皮。

变移上皮(高倍)

(二)结缔组织

1. 结缔组织的结构特点 结缔组织由细胞和细胞间质组成,其特点是细胞种类多,数量少,分散在间质中,无极性;细胞间质多,由纤维和基质所组成;不直接与外界接触,因而也称为内环境组织(图1-6)。结缔组织是动物体内分布最广、形态结构最为多样的一类组织。具有连接、支持、保护、营养、防御、修复和运输等作用。

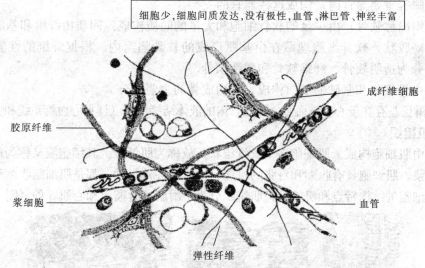

图1-6 结缔组织结构特点

结缔组织中细胞数量少,但种类多,包括成纤维细胞、组织细胞、浆细胞、肥大细胞、脂肪细胞等,其中成纤维细胞能产生纤维和分泌基质,具有较强的再生能力,对结缔组织的损伤修复起重要作用;组织细胞又称为巨噬细胞,能吞噬进入机体内的细菌、异物及衰老死亡的细胞等,有保护和防御作用;浆细胞多分布于消化道、呼吸道等黏膜的固有层内,能产生抗体，参与机体的免疫；肥大细胞的胞质内含有大量的异染颗粒，能产生组织胺、肝素，多分布于小血管的附近，有参与抗凝血、增强毛细血管通透性、使毛细血管扩张等作用；脂肪细胞体积较大，细胞质中常充满脂肪滴，将核挤向一侧，在HE染色的切片上，因脂肪滴被溶解，细胞呈空泡状。脂肪细胞有合成和贮存脂肪的作用。

（1）基质。基质是无色透明的胶状物，黏性较强，主要成分是蛋白多糖。蛋白多糖是一种蛋白质与多糖分子结合成的大分子复合物。基质具有很强的黏性，有阻止细菌等病原微生物扩散的作用。但有些病原微生物可分泌透明质酸酶，将基质中的透明质酸溶解，使炎症蔓延，如溶血性链球菌。

（2）纤维。结缔组织中的纤维有3种，分别是胶原纤维、弹性纤维和网状纤维。其中胶原纤维和弹性纤维最常见。胶原纤维为白色，又称为白纤维，粗大结实，在弱酸碱和沸水中易溶解。弹性纤维为黄色，又称为黄纤维，细而有弹性，不易被消化。

2. 结缔组织种类 结缔组织的种类非常多，包括疏松结缔组织、致密结缔组织、脂肪组织、网状组织、软骨组织、骨组织、血液和淋巴。

疏松结缔组织在动物身体中分布最广，又称为蜂窝组织。其结构疏松，基质多，细胞和纤维含量较少。具有支持、营养、填充、连接和保护作用。

致密结缔组织中细胞和基质很少，纤维多，结构致密。纤维成分主要为胶原纤维和弹性纤维，具有极强的韧性和弹性。如肌腱、项韧带和真皮都是致密结缔组织构成的。

脂肪组织由大量的脂肪细胞在疏松结缔组织中聚集而成，主要分布于皮下、大网膜、肠系膜等处，有贮脂、保温、缓冲等作用。

网状组织由网状细胞、网状纤维和基质构成。网状细胞的突起互相连接成网，网状纤维紧贴在网状细胞的表面。在网眼内有淋巴细胞、巨噬细胞等。网状组织主要分布于骨髓、淋巴结、肝、脾等重要器官内，构成这些器官的支架。

软骨组织简称软骨，由少量的软骨细胞和大量的间质构成。间质由纤维和基质构成。基质呈固体的凝胶状，软骨细胞埋藏在由基质形成的软骨陷窝内。根据纤维的性质、数量不同，软骨又分为透明软骨、纤维软骨和弹性软骨。

骨组织由骨细胞和坚硬的基质构成，是构成骨的主要成分。

血液和淋巴是存在于心脏、血管、淋巴管内的液体结缔组织（详见心血管系统和免疫系统）。

（三）肌组织

肌组织由肌细胞构成。肌细胞多呈长纤维状，故称为肌纤维。其细胞膜又称为肌膜，细胞质又称为肌浆。肌细胞具有收缩和舒张的机能，机体的各种运动，都是肌细胞收缩和舒张的结果。根据肌细胞的结构特点和机能，把肌组织分为平滑肌、骨骼肌和心肌3种（图1-7）。

骨骼肌　　　　　平滑肌　　　　　心肌

图1-7 各种肌肉组织的形态

1. 平滑肌 平滑肌细胞呈长梭形，两端尖细，核呈长椭圆形，位于细胞中央。平滑肌不受意识支配，收缩缓慢，作用持久，不容易发生疲劳。主要分布于内脏器官及血管壁内，故又称为内脏肌。

2. 骨骼肌 肌纤维呈长的圆柱状，细胞核有100多个，呈椭圆形，位于肌纤维的边缘。在细胞质内有与细胞长轴平行排列的肌原纤维，每条肌原纤维上都可见到折光性不同的明带、暗带。肌原纤维的明带与暗带都整齐地排列在同一平面上，在肌纤维上形成明暗相间的横纹，故又称为横纹肌。

骨骼肌收缩受意识支配，又称为随意肌。其收缩强而有力，作用迅速，但易疲劳，不能持久。骨骼肌多附着在骨骼上用于驱动关节运动。

3. 心肌 心肌细胞呈短柱状，有分支并相互吻合成网。在细胞彼此相连的接头处，形成"闰盘"。心肌细胞有1~2个椭圆形的核，位于细胞中央。肌纤维上也有横纹，但不明显。心肌的收缩不受意识支配，有很强的自动节律性。心肌分布于心脏。

（四）神经组织

神经组织由神经细胞和神经胶质细胞构成。神经细胞又称为神经元，在体内分布广泛，主要分布在脑、脊髓、神经节等处，具有感受体内外刺激和传导冲动的作用。神经胶质细胞，分布于神经元之间，对神经元有支持、营养和保护作用。

1. 神经元

（1）神经元的结构。神经元由细胞体和突起两部分构成（图1-8）。

细胞体：是神经细胞除突起之外的主体部分，又称为核周体。细胞体呈星形或圆形，位于脑、脊髓和神经节内，是神经元的代谢和营养中心。

突起：由神经细胞的胞体发出，根据突起的形态分为树突和轴突。树突有多条，较短，有分支，呈树枝状，能接受刺激，把冲动传给细胞体。轴突是一条长的突起，能把细胞体发出的冲动传递给另一个神经元或效应器。

（2）神经细胞的分类。按神经元突起的数目，把神经元分为假单极神经元、双极神经元和多极神经元。假单极神经元的胞体发出一个突起，在离胞体不远处分成两支，一支走向外周器官，另一支走向脑和脊髓，如神经节细胞。双极神经元有两个方向相反的突起从胞体出发，一个为树突，一个为轴突，如嗅觉细胞和视网膜中的双极细胞。畜体内的大多数神经元为多极神经元。按神经元的机能，可把神经元分为传入神经元、传出神经元中间神经元。

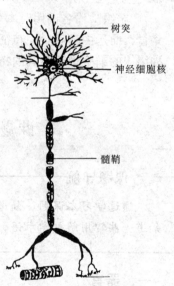

图1-8 运动神经元

（3）神经纤维。神经元的突起称为神经纤维，主要功能是传导兴奋。在神经纤维上传导的兴奋也称为神经冲动。

根据髓鞘的有无，可把神经纤维分为两类，一类具有髓鞘，称为有髓神经纤维，其构造是以轴突为中轴，外面包有髓鞘和薄的神经膜，如脑神经、脊神经内的神经纤维；另一类没有髓鞘，称为无髓神经纤维，如植物神经的节后纤维。

根据机能不同，可把神经纤维分为感觉神经纤维和运动神经纤维。感觉神经纤维能把感受器接收的刺激传向中枢，故又称为传入神经纤维；运动神经纤维能把中枢产生的兴奋传到效应器，故又称为传出神经纤维。

（4）神经末梢。外周神经纤维末端的分支，终止于其他组织内，并形成一定的结构。按其生理机能的不同，可分为感觉神经末梢和运动神经末梢。感觉神经末梢是感觉神经元外周突的末梢装置，又称为感受器，分布在皮肤、肌腱、胸膜和腹膜等处，能感受痛觉、压觉和本体感觉等；运动神经末梢是运动神经元轴突的末梢部分，终止于肌肉和腺体内，并与之形成效应器。

（5）神经元之间的联系——突触。神经元是神经系统结构和功能的基本单位，神经元之间紧密联系，共同完成复杂的神经活动。神经元之间发生联系的功能性接触点，称为突触。

突触由突触前膜、突触后膜和突触间隙三部分构成。突触前膜是前一个神经元轴突末端的轴膜，与另一个神经元接触处特化增厚的部分；突触后膜是后一个神经元的细胞膜；突触间隙是突触前膜与突触后膜之间的间隙。在靠近突触前膜的轴突内，有许多突触小泡和线粒体。突触小泡内含有许多化学递质，如乙酰胆碱、去甲肾上腺素等。突触后膜上有多种能与化学递质结合的特殊性受体，如胆碱受体、肾上腺素受体等。

2. 神经胶质 即神经胶质细胞，分布在中枢和外周神经系统中，如星形胶质细胞、小胶质细胞等。神经胶质细胞的外形与神经细胞相似，其特点是突起不分树突和轴突，不能接受刺激、传导冲动。对神经细胞有支持、营养、保护和修复等作用。

> **小贴士**
>
> "组织"作名词用时本意是指"群体"的意思，但这个"群体"并不是简单的个体集合，而是由具有共同特征的个体集合而成。解剖学中的组织，其成员就是细胞，每种组织的细胞都有共同的特征，如来源相同、形态结构相似等。

课题 2 器官、系统和有机体

> **课题导航**
>
> 通过学习本课题，知道器官、有机体的概念，能认出畜禽体表各部位及其名称，知道一些常用解剖学术语。

一、器官

器官是由不同的组织按一定的规律结合而成，具有特定的形态、结构和机能。器官按结构特点可分为中空性器官和实质性器官。

中空性器官是管状或囊状的器官，如食管、胃、肠管、气管、膀胱、血管和子宫等；实质性器官是内部没有较大腔体的器官，如肝、肾和脾等。

二、系统

功能密切相关的器官联合在一起，共同完成机体某一方面的生理机能，这些器官就构成一个系统。如鼻腔、咽、喉、气管、支气管和肺等器官构成呼吸系统，共同完成呼吸机能；口腔、咽、食管、胃、肠、唾液腺、肝和胰等器官构成消化系统，共同完成消化和吸收机能。

畜禽体由运动系统、被皮系统、消化系统、呼吸系统、泌尿系统、生殖系统、心血管系统、免疫系统、神经系统和内分泌系统十大系统组成。其中，消化系统、呼吸系统、泌尿系统和生殖系统的器官称为内脏。

三、有机体

有生命的个体称为有机体。动物有机体是由器官、系统构成的协调统一的整体。有机体的各个部分在机能上互相影响，协调配合。同时，有机体与其生活的周围环境间也必须保持经常的动态平衡。这种统一是通过有机体特定的调节途径来实现的，主要的调节途径有神经调节和体液调节。

1. 神经调节 神经调节是神经系统对各个器官、系统的活动进行调节。神经调节的基本方式是反射。反射是指在中枢神经参与下，机体对内外环境的变化所产生的应答性反应。如饲料进入口腔，就引起唾液分泌；蚊虫叮咬皮肤，则引起皮肤颤动或尾巴摆动，来驱赶蚊虫等。实现反射活动的径路，称为反射弧。反射弧由五个环节构成，即感受器→传入神经→反射中枢→传出神经→效应器。实现反射活动，必须有完整的反射弧，如果反射弧的任何一部分遭到破坏，反射活动就不能实现。

神经调节的特点是作用迅速、准确，持续的时间短，作用的范围较局限。

2. 体液调节 体液调节是指具有调节作用的化学物质通过体液循环运输到特定器官，从而改变这些器官的生理机能。这些具有调节作用的化学物质主要是内分泌腺和具有分泌机能的特殊细胞或组织所分泌的激素。此外，组织中的一些代谢产物，如 CO_2、乳酸等局部体液因素，对机体也有一定的调节作用。

体液调节的特点是作用缓慢，持续的时间较长，作用的范围较广。这种调节对维持机体内环境的相对恒定以及机体的新陈代谢、生长、发育和生殖等，都起着重要的作用。

有机体大多数生理活动，经常是既有神经调节参与，又有体液调节的作用，两者是相互协调、相互影响的。但从整个有机体看，神经调节占主要地位。

3. 自身调节 动物有机体在周围环境变化时，许多组织细胞不依赖于神经调节或体液调节而产生适应性反应。这种反应是组织细胞本身的生理特性，所以称为自身调节。如血管壁中的平滑肌受到牵拉刺激时，发生收缩性反应。自身性调节是全身性神经调节和体液调节的补充。

小贴士

器官的"器"本意是指有一定用处的物品，生活中父母都希望孩子成器，意思就是希望孩子成为有用的人，所以器官都是具有特定功能的。系统有联系和统一的含义，动物的系统就是指功能密切相关的器官联系在一起去完成某项生理功能。一般来说，有生命的个体就是有机体，有机体的各个部分之间在功能上彼此协调，实现各种生命活动。当有机体各部分丧失功能协调的能力时，就呈现出疾病的状态，甚至死亡。所以了解和掌握有机体是如何进行功能调节，对于进一步学习临床专业知识非常重要。

四、畜禽体表各部位名称及方位术语

畜禽解剖学对于动物有机体的形态和结构的描述要用到一些专门的术语，这些术语使得解剖学的描述更为简洁和准确，同时避免引起歧义。下面介绍的是一些基本术语。

（一）解剖学中的面和轴

1. 面　面指解剖动物时切割的切面（图 1-9）。

（1）矢状面。矢状面是与机体长轴平行且与地面垂直的面。可分为正中矢面和侧矢面。正中矢面在动物机体的正中线上，只有 1 个，将动物机体分为左右对称的两部分；侧矢面位于正中矢面的侧方，与正中矢面平行，可以有无数个。

（2）额面。额面是与地面平行且与矢状面垂直的面。额面将动物体分为背侧和腹侧两部分。

（3）横断面。横过动物体，与矢状面、额面都垂直的面。把动物体分为前后两部分。

2. 轴

（1）长轴。家畜都是四肢着地的，其身体长轴（或称为纵轴）从头端至尾端，与地面平行。长轴也可以用于四肢和各器官，均以纵长的方向为基准，如四肢的长轴是四肢的上端至四肢的下端，与地面垂直。

（2）横轴。与长轴垂直的轴向称为横轴，相对于长轴可以做无数条横轴，常用的是水平横轴和垂直横轴。

3. 方位术语　靠近畜体头端的称为前侧或头侧；靠近尾端的称为后侧或尾侧；靠近脊柱的一侧称为背侧；靠近腹部的一侧为腹侧；靠近正中矢面的一侧称为内侧；远离正中矢面的一侧称为外侧。

在四肢部，近端为靠近躯干的一端；远端是远离躯干的一端。前肢和后肢的前面称为背侧；前肢的后面称为掌侧；后肢的后面称为跖侧。

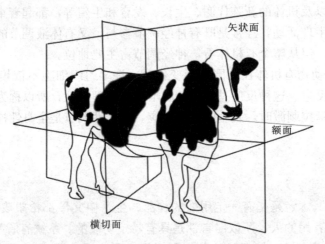

图 1-9　畜体的切面

（二）畜禽体表各部位名称

为了便于说明家畜（禽）身体的各部分的位置，可将畜（禽）体划分为头颈部、躯干部、四肢三大部分（图 1-10）。各部分的划分和命名，都是以相应的骨为基础

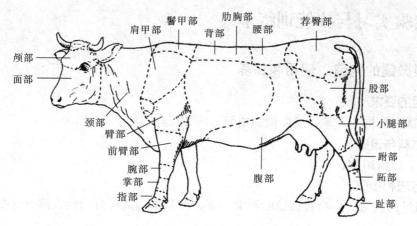

图 1-10 牛体表部位名称

1. 家畜体表各部位名称

(1) 头部。又分为颅部和面部。

颅部：位于颅腔周围，可分为枕部、顶部、额部和颞部等。

面部：位于口、鼻腔周围，分眼部、鼻部、咬肌部、颊部、唇部和下颌间隙部等。

(2) 躯干部。除头和四肢以外的部分称为躯干，包括颈部、胸背部、腰腹部、荐臀部和尾部。

颈部：以颈椎为基础，颈椎以上的部分称为颈上部；颈椎以下的部分称为颈下部。

胸背部：位于颈部和腰荐部之间，其外侧被前肢的肩胛部和臂部覆盖。前方较高的部位称为鬐甲部，后方为背部；侧面以肋骨为基础称为肋部；前下方称为胸前部；下部称为胸骨部。

腰腹部：位于胸部与荐臀部之间，上方为腰部，两侧和下方为腹部。

荐臀部：位于腰腹部后方，上方为荐；侧面为臀部。后方与尾部相连。

尾部：分为尾根、尾体和尾尖。

(3) 四肢部。四肢部分为前肢和后肢两部分。

前肢：前肢借肩胛和臂部与躯干的胸背部相连，分为肩带部、臂部、前臂部和前脚部。前脚部包括腕部、掌部和指部。

后肢：由臀部与荐部相连，分为股部、小腿部和后脚部。后脚部包括跗部、跖部和趾部。

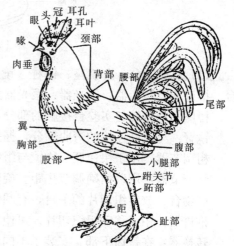

图 1-11 鸡体外貌部位名称

2. 家禽体表各部位名称 家禽头部分为肉冠、肉髯、喙、鼻孔、眼、耳孔和脸等；躯干部分为颈部、胸部、腹部、背腰部和尾部；前肢演变成翼，分为臂部和前臂部等，后肢部又分为股、胫、飞节、跖、趾和爪等 (图 1-11)。

【实验实习与技能训练】

一、显微镜的构造、使用和保养

（一）目的要求
了解显微镜的构造，掌握显微镜的使用方法和保养方法。

（二）材料与设备
显微镜、组织切片。

（三）方法和步骤

1. 显微镜的构造 生物显微镜的种类很多，但基本构造可分为两大部分（图1-12）。

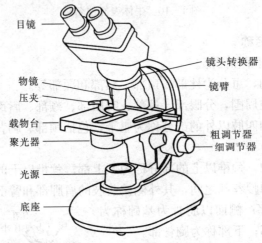

图1-12 显微镜的构造

（1）机械部分。有镜座、镜柱、镜臂、镜筒、活动关节、粗调节器、细调节器、载物台、推进器、转换器、聚光器、聚光器升降螺旋等。

镜座：是直接与实验台接触的部分，通常集成光源和电源及控制开关。

镜臂：与镜柱连接的弯曲部分，握持移动显微镜时使用。

粗调节器：用于快速调节物镜与组织切片标本之间的焦距。

细调节器：用以精确调节焦距。旋转1周，可使镜筒升降0.1mm。

载物台：放组织切片的平台，有圆形和方形的。中央有通光孔。

推进器：用于移动组织切片。可使标本前、后、左、右移动。

转换器：在镜筒下部，安装了不同倍数的物镜，用于转换物镜。

聚光器升降螺旋：能使聚光器升降，从而调节光线的强弱。

（2）光学部分。包括目镜、物镜、光源和聚光器。

目镜：在镜筒的上端，上面刻有参数，表示放大的倍数。目镜有5×、8×、10×、15×、16×等不同的倍数。

物镜：安装在转换器上，是显微镜中最贵重的部分。有低倍镜、高倍镜和油镜三种。低倍物镜有8×、10×、20×、25×；高倍物镜有40×、60×；油镜一般为100×。显微镜的放大倍数是目镜和物镜倍数的乘积。

光源：安装灯泡作为光源，为视野提供光线。

聚光器：在载物台的下方，内有光圈。

2. 显微镜的使用方法 置组织切片于载物台上，将待观察的组织切片中的组织块，对准通光孔的中央（有盖玻片的组织切片，盖玻片朝上），放进推进器，固定。

旋动粗调节器，使载物台上升到与组织切片距离最近的位置。

观察组织切片时，身要坐端正，胸部挺直，调节好目镜瞳距，使两眼看到的视野为一圆形，同时转动粗调节器，随着载物台下降，就会出现物像，再慢慢转动细调节器进行调节，直到物像清晰为止。在观察时，如果需要观察细胞的结构，可再转换高倍镜，至镜筒下，并转动细调节器进行调节，以期获得清楚的物像。

组织学的切片标本，大多数在高倍镜下即能辨认。如果采用油镜观察时，应先用高倍镜观察，把待观察的部位置于视野的中央，然后移开高倍镜，将香柏油滴在待观察的标本片上，转换油镜与标本片上的油滴相接触，再轻轻转动细调节器，直到获得最清晰的物像为止。

在调节光线时，可扩大或缩小光圈的开孔；也可调节聚光器的螺旋，使聚光器上升或下降；有的还可以直接调节灯光的强度。

（四）技能考核

（1）在低倍镜下调出清楚图像。

（2）在高倍镜下调出清晰图像。

（五）作业

写出实习报告，熟练掌握显微镜的使用和保养方法。

二、主要组织的识别（了解）

（一）目的要求

通过观察，学生掌握单层柱状上皮、单层立方上皮、疏松结缔组织、骨骼肌、平滑肌和神经元的结构特点。

（二）材料与设备

显微镜、单层柱状上皮、单层立方上皮（肾髓质切片）、疏松结缔组织铺片、骨骼肌、平滑肌、神经组织切片和相关的图。

（三）方法步骤

1. 单层柱状上皮的观察 先用低倍镜观察，找到比较典型的部位，再换高倍镜观察细胞的结构。细胞呈高柱状，核椭圆形，位于细胞的基底部，比较均匀地排列在同一水平线上。

2. 单层立方上皮的观察（示教） 先用低倍镜观察，找到比较典型的部位，如肾集合管的纵切面或横切面，再用高倍镜。观察到呈立方形的细胞，椭圆形，位于细胞的中央。

3. 疏松结缔组织的观察 先用显微镜找到比较典型的部位，可见到交织成网的纤维，与许多散在分布于纤维之间的细胞，以及纤维与细胞间无定形的基质。再用高倍镜观察，可看到胶原纤维呈红色，粗细不等，呈索状或波浪状，数量多；还有细胞的弹性纤维。还可看到轮廓不清、具有突起的成纤维细胞、形态不固定的组织细胞；椭圆形、细胞质内有粗大颗粒的肥大细胞；胞核呈车轮状、偏于一侧的浆细胞。

4. 骨骼肌的观察 用低倍镜观察呈圆柱状的骨骼肌细胞，换高倍镜。可看到在细胞膜的下方有许多圆形的细胞核，肌原纤维沿细胞的长轴排列，有清楚的横纹。

5. 神经元的观察（示教） 可用脊髓的切片或运动神经元的切片，先用低倍镜，后用高倍镜，可清楚看到大而圆的核、清楚的核膜、核仁。细胞质内有细丝状的神经原纤维，尼氏小体。从胞体向四周发出突起，树突短，分支多。

6. 平滑肌的观察（示教） 低倍镜下可看到红色的平滑肌纤维；高倍镜下可看到平滑肌纤维呈长梭形，两头尖，中央宽，有椭圆形的细胞核。

（四）技能考核

在显微镜下正确识别上述组织切片，并绘出结构图。

（五）作业

写出实习报告，画出单层柱状上皮、单层立方上皮（肾髓质切片）、平滑肌、骨骼肌、疏松结缔组织显微镜下视野图。

【复习思考题】

1. 为什么说动物生病本质上是动物身体的某些细胞机能失常？
2. 动物有机体的各个部分是怎样协调统一起来的？

单元二

牛（羊、猪）解剖生理特征

课题1　牛（羊、猪）运动系统

> **课题导航**
>
> 通过学习本课题，知道骨和肌肉的结构，并能在动物身体上认出全身所有的骨、关节和主要的肌肉。

运动系统由骨、骨连接、肌肉三部分组织构成。全身骨由骨连接连接成骨骼，骨骼构成畜体的支架，在维持体型、保护脏器和支持体重方面起着重要作用。肌肉附着于骨骼上，肌肉收缩时，以关节为支点，使骨的位置移动而产生各种运动。因此，在运动中，骨起杠杆作用，关节是运动的枢纽，肌肉则是运动的动力。

骨骼和肌肉共同构成了畜体的轮廓，决定了畜体的外形。位于皮下的一些骨性突起和肌沟，可以在体表看到或触摸到，称为骨性标志和肌性标志，在畜牧生产中常用来作为确定内部器官位置和进行体尺测量的标志。

一、骨骼

骨骼构成动物身体的支架，是支撑身体和运动的基础。

（一）骨

家畜每一块骨都有一定的形态和功能，是一个复杂的器官。骨的主要成分是骨组织，坚硬而有弹性，有丰富的血管、淋巴管及神经，具有新陈代谢及生长发育的特点，并具有改建和再生能力。骨基质内沉积有大量的钙盐和磷酸盐，是畜体的钙、磷库，参与钙磷的代谢与平衡。

1. 骨的形态　骨的形状是多种多样的，根据形状的不同，可分为长骨、短骨、扁骨和不规则骨4种类型。

2. 骨的构造　骨由骨膜、骨质、骨髓、血管和神经构成（图2-1）。

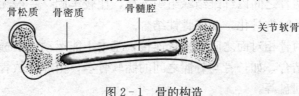

图2-1　骨的构造

(1) 骨膜。骨膜是覆盖在骨表面的一层结缔组织膜，呈淡粉红色。骨膜分为浅、深两层。浅层为纤维层，富有血管和神经，具有营养和保护作用；深层为成骨层，富含成骨细胞，参与骨的形成。在骨受损伤时，成骨层具有修复作用。

(2) 骨质。骨质是构成骨的主要成分，分为骨密质和骨松质两种。骨密质致密而坚硬，耐压性强，分布在长骨的骨干和其他类型骨的外层；骨松质结构疏松，由许多骨板和骨针交织成海绵状，分布在长骨骺和其他类型骨的内部。骨密质和骨松质在骨内的这种分布，使骨既轻便又坚固，适于运动。

(3) 骨髓。骨髓位于长骨的骨髓腔和骨松质的间隙内。胎儿和幼龄动物的骨髓全是红骨髓。随着年龄的增长，骨髓腔中的红骨髓逐渐被黄骨髓取代，因此成年动物有红、黄两种骨髓。红骨髓内含有不同发育阶段的各种血细胞，有造血功能；黄骨髓主要由脂肪组织构成，具有贮存营养的作用。家畜失血过多时，黄骨髓可变成红骨髓，恢复造血功能。

(4) 血管、神经。骨具有丰富的血液供应，分布在骨膜上的小血管经骨表面的小孔进入并分布于骨密质。较大的血管称为滋养动脉，穿过滋养孔分布于骨髓。骨膜、骨质和骨髓均有丰富的神经分布。

3. 骨的化学成分和物理特性 骨主要由骨组织构成，骨组织属于结缔组织，由于其基质中含有大量无机盐，所以呈坚硬的固态。

骨组织的基质中包含无机物和有机物。无机物主要是钙盐（碳酸钙、磷酸钙等），钙盐的含量决定了骨的硬度。有机物主要是骨胶原（蛋白质），是骨的弹性和韧性的物质基础。成年家畜的骨约含1/3的有机物和2/3的无机物，这样的比例使骨具有最大的坚固性，又具较好的韧性。幼畜的骨内有机物较多，弹性和韧性大，不易骨折，但易弯曲变形。老年家畜骨内无机物含量增多，脆性较大，易发生骨折。妊娠和泌乳母畜骨内的钙质可被胎儿吸收或随乳汁排出，造成无机物的减少，易发生软骨病。因此，应注意饲料成分的合理调配，以预防软骨病的发生。

> **小贴士**
>
> 　　由于骨组织含有大量的钙盐，所以骨的密度在全身各器官中是最大的，在临床的X射线诊断中，X射线成像最清楚的就是全身的骨，因此，全身骨的组成、形态和位置就成为诊断中重要的参照。掌握好全身骨的组成和形态位置特征是将来学习临床诊断和临床实践的重要基础。

（二）骨连接

骨与骨相互连接的部位称为骨连接。骨连接可分为直接连接和间接连接两大类。

1. 直接连接 两骨的相对面或相对缘借结缔组织直接相连，其间无腔隙，不活动或仅有小范围活动。直接连接分为3种类型。

(1) 纤维连接。两骨之间以纤维结缔组织连接，比较牢固，一般无活动性。如头骨间的连接。这种连接在老龄时常骨化，变成骨性结合。

(2) 软骨连接。两骨相对面之间借软骨连接，基本不能运动。由透明软骨连接的，到老龄时，常骨化为骨性结合，如长骨与骨骺之间的骺软骨等；由纤维软骨连接的，终生不发生骨化，如椎体间的椎间盘等。

（3）骨性结合。两骨相对面以骨组织连接，完全不能运动。这种连接常由纤维连接和软骨连接骨化而成。如荐骨椎体间的结合，髂骨、坐骨和耻骨间的结合等。

2. 间接连接 又称为关节，是骨与骨之间可灵活活动的连接，为骨连接中较为普遍的一种形式。如四肢的关节等。

（1）关节的构造。关节由关节面、关节软骨、关节囊和关节腔构成（图2-2）。有的关节尚有韧带、关节盘等辅助结构。

关节面：是骨与骨相接触的光滑面，骨质致密，形状彼此互相吻合。其中的一个面略凸，称为关节头；另一个略凹，称为关节窝。

关节软骨：是附着在关节面上的一层透明软骨，光滑而有弹性和韧性，可减少运动时的冲击和摩擦。

关节囊：是包围在关节周围的结缔组织囊。囊壁分内、外两层：外层为纤维层，由致密结缔组织构成，厚而坚韧，有保护作用；内层为滑膜层，由疏松结缔组织构成，薄而柔软，有丰富的血管网。内层能分泌透明的滑液，有营养软骨和润滑关节的作用。

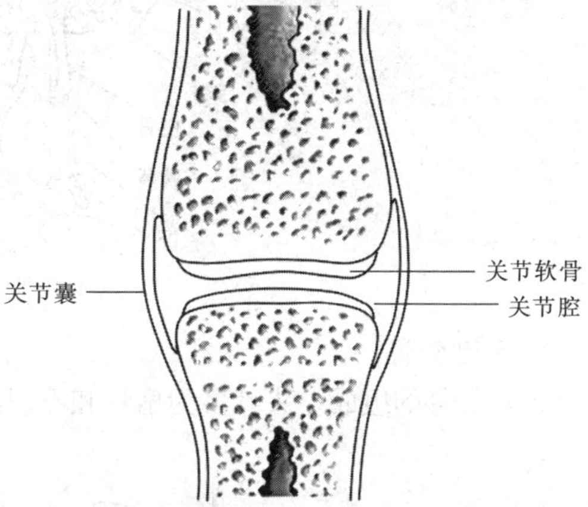

关节腔：是关节软骨和关节囊之间的密闭腔隙，内有少量淡黄色的滑液，有润滑、缓冲震动及营养关节的作用。

图2-2 关节构造

关节的辅助结构：是适应关节的功能而形成的一些结构，主要有韧带和关节盘。韧带是在关节囊外连在相邻两骨间的致密结缔组织带，有增强关节稳定性的作用。关节盘是位于两个关节面间的纤维软骨板，有加强关节稳定性、缓冲震动等作用。

关节的结构

> **小贴士**
>
> 关节腔是关节内部的环境，当关节机能异常时，关节腔内的成分都会有相应的变化，因此，在关节疾病中，调节关节腔内的环境平衡是重要的手段。

（2）关节的类型。不同的分类方法可把关节分成不同的类型。根据构成关节骨的数目，可把关节分为单关节和复关节两类。单关节由相邻两块骨构成，如前肢的肩关节；复关节由多块骨构成，如腕关节、膝关节。

根据关节运动轴的数目，可把关节分为单轴关节、双轴关节和多轴关节3类。单轴关节一般由中间有沟或嵴的滑车状关节面构成，只能沿横轴做屈、伸运动；双轴关节由椭圆形的关节面和相应的关节窝构成，能做屈、伸运动及左右摆动，如寰枕关节；多轴关节由半球形的关节头和相应的关节窝构成，能做屈、伸、内收、外展及旋转运动，如肩关节和髋关节。

（三）全身骨骼的构成

牛的全身骨骼，按其所在部位分为头部骨骼、躯干骨骼、前肢骨骼和后肢骨骼（图2-3）。

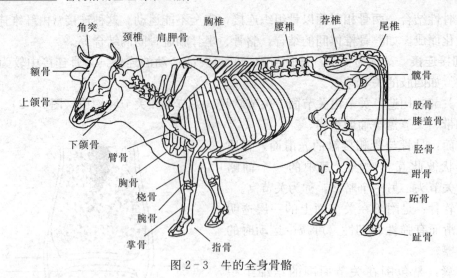

图 2-3 牛的全身骨骼

1. 头部骨骼

（1）头骨的组成。头骨多为扁骨和不规则骨，分颅骨和面骨两部分（图 2-4、图 2-5）。

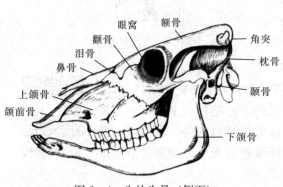

图 2-4 牛的头骨（侧面）

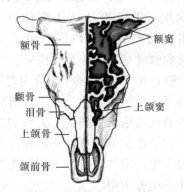

图 2-5 牛的头骨（背侧面）

颅骨：位于头部后上方，围成颅腔，容纳并保护脑。包括枕骨、顶骨、顶间骨、额骨、颞骨、蝶骨、筛骨。其中枕骨与后方的椎骨构成关节，颞骨与下颌骨构成关节，额骨与面骨围成眼眶。

面骨：位于头部前下方，构成眼眶、鼻腔和口腔的骨性支架。包括鼻骨、泪骨、颧骨、上颌骨、颌前骨、鼻甲骨、下颌骨、舌骨。

（2）副鼻窦。又称为鼻旁窦，是鼻腔附近一些头骨内的含气腔体的总称。它们直接或间接与鼻腔相通，故称为鼻旁窦。主要有额窦和上颌窦。

额窦：很大，伸延于整个额部、颅顶壁和部分后壁，并与角突的腔相通连。正中有一隔，将左、右两窦分开。

上颌窦：主要在上颌骨、泪骨和颧骨内。上颌窦在眶下管内侧的部分很发达，伸入上颌骨腭突与腭骨内，故又称为腭窦。

（3）头骨的连接。头骨的连接大部分为直接连接，骨与骨之间不能活动。颞下颌关节是头部唯一的活动关节，由下颌骨和颞骨构成，能做开口、闭口运动。

2. 躯干骨骼

（1）躯干骨。包括椎骨、肋和胸骨。它们连接起来构成脊柱和胸廓。

①椎骨：椎骨可分为颈椎、胸椎、腰椎、荐椎和尾椎。牛有7块颈椎，13块胸椎，6块腰椎，5块荐椎，18~20块尾椎。各椎骨相互连接起来，形成脊柱。椎骨由椎体、椎弓和突起三部分构成（图2-6）。

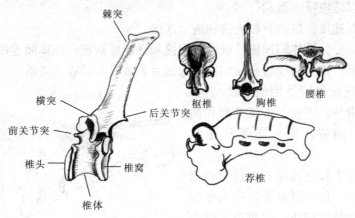

图2-6 椎骨的形态

椎体：呈短柱状，位于椎骨腹侧，前面略凸为椎头，后面略凹为椎窝。

椎弓：是位于椎体背侧的拱形骨板，与椎体围成椎孔。各椎骨的椎孔相连形成脊柱中央纵行的椎管，椎管内容纳脊髓。椎弓基部的前后缘各有一对切迹，相邻椎弓的切迹合成椎间孔，供血管、脊神经通过。

突起：有3种。由椎弓背侧向上方伸出一个突起，称为棘突；从椎弓基部向两侧伸出的一对突起，称为横突；从椎弓背侧的前、后缘各伸出一对关节突，分别称为前、后关节突。

各部椎骨因所执行的机能及所在部位的不同，其形态结构略有差异。颈椎形状不规则，第一颈椎呈环状又称为寰椎，第二颈椎称枢椎，第三至第六颈椎形态结构相似，第七颈椎与胸椎相似。胸椎棘突发达，其中第二至第六胸椎棘突最高，是构成鬐甲的骨质基础。腰椎横突发达，构成腹腔顶壁的骨质基础。荐椎愈合在一起称为荐骨，构成了盆腔顶壁的骨质基础，其横突相互愈合并向两侧突出，形成宽阔的荐骨翼，翼的背外侧有耳状关节面与髂骨成关节。尾椎腹侧有一血管沟，供尾中动脉通过。

②肋。肋为左右成对的弓形长骨，连于胸椎与胸骨之间，构成胸腔的侧壁。相邻肋之间的间隙，称为肋间隙。肋的对数与胸椎枚数一致，牛有13对。每根肋包括上端的肋骨和下端的肋软骨。

肋骨：肋骨的椎骨端前方有肋骨小头，与胸椎的肋窝成关节；肋骨小头的后方有肋结节，与胸椎横突成关节。

肋软骨：由透明软骨构成。第一至第八对肋以肋软骨直接与胸骨相连，称为真肋。其余的肋，以肋软骨依次连于前一肋的肋软骨上，称为假肋。最后肋骨与假肋软骨依次连接所形成的弓形结构，称为肋弓。

③胸骨。位于胸廓底壁的正中，由6~8块胸骨片借软骨连接而成，呈上下略扁的船形。胸骨由前向后分为胸骨柄、胸骨体和剑状软骨（剑突）三部分。胸骨柄、胸骨体的两侧有肋窝，与真肋的肋软骨直接成关节。

④胸廓。由胸椎、肋和胸骨共同构成，呈前小后大的圆锥形。胸廓前口由第一胸椎、第一对肋和胸骨柄围成；胸廓后口由最后一个胸椎、左右肋弓和剑状软骨围成。胸廓前部的肋短而粗，具有较大的坚固性，以保护心、肺，并便于连接前肢；胸廓后部的肋细而长，具有较大的活动性，以适应呼吸运动。

（2）躯干骨的连接。包括脊柱连接和胸廓连接。

①脊柱连接。分为椎体间连接、椎弓间连接和脊柱总韧带。椎体间连接是相邻椎骨的椎体借椎间盘相连接；椎弓间连接是相邻椎骨的前后关节突间形成的滑动关节；脊柱总韧带是分布在脊柱上起连接加固作用的辅助结构，除椎骨间的短韧带外，还有3条贯穿脊柱的长韧带，即棘上韧带、背纵韧带和腹纵韧带。

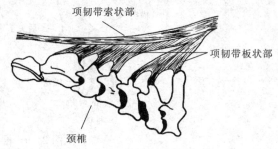

棘上韧带：位于棘突顶端，由枕骨伸至荐骨。棘上韧带在颈部变得宽大，称为项韧带。项韧带由弹性纤维构成，呈黄色，分为背侧的索状部和腹侧的板状部（图2-7）。项韧带的作用是辅助颈部肌肉支持头部。

图2-7 牛的项韧带

背纵韧带：位于椎体的背侧，起于枢椎，止于荐椎。

腹纵韧带：位于椎体的腹侧，并紧紧附着于椎间盘上。由胸椎中部开始，止于荐骨。

②胸廓连接。包括肋椎关节和肋胸关节。前者是肋骨与胸椎形成的关节，后者是肋软骨与胸骨形成的关节。

3. 前肢骨骼

（1）前肢骨。包括肩胛骨、臂骨、前臂骨、腕骨、掌骨、指骨和籽骨（图2-8）。

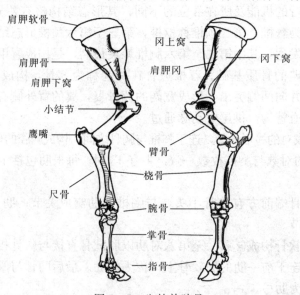

图2-8 牛的前肢骨

肩胛骨：为三角形的扁骨，斜位于胸侧壁前上部。其上缘附着肩胛软骨，外侧有一纵行的嵴，称为肩胛冈。肩胛冈前上方为冈上窝，后下方为冈下窝，下端有一突起，称为肩峰。

肩胛骨内侧面的凹窝为肩胛下窝，远端的关节窝为肩臼。

臂骨：为一管状长骨，斜位于胸部两侧的前下部，由前上方斜向后下方。近端粗大，前方两侧有内、外侧结节，外侧结节又称为大结节，两结节间是臂二头肌沟；后方有球形的臂骨头，与肩臼成关节。臂骨骨干呈扭曲的圆柱状，外侧有三角肌结节。远端有髁状关节面，与桡骨成关节，髁的后面有一深的肘窝（鹰嘴窝）。

前臂骨：包括桡骨和尺骨。桡骨位于前内侧，大而粗，近端与臂骨成关节，远端与近列腕骨成关节。尺骨位于后外侧，近端粗大，突向后上方，称为肘突（鹰嘴），远端稍长于桡骨。成年后两骨彼此愈合，两骨间的缝隙为前臂间隙。

腕骨：由6块短骨组成，排成上、下两列。近列4块，由内向外依次是桡腕骨、中间腕骨、尺腕骨和副腕骨；远列2块，内侧一块较大，由第二、三腕骨构成；外侧一块为第四腕骨。

掌骨：牛有3块掌骨，即3、4、5掌骨。第三、四掌骨发达，合称为大掌骨。大掌骨的近端、骨干愈合在一起，只有其远端分开。第五掌骨为小掌骨，为一圆锥形小骨，附于第四掌骨的近端外侧。

指骨：牛有4指，即2、3、4、5指。其中第三、四指发育完整，称为主指，每指有3个指节骨，依次为系骨、冠骨和蹄骨。第二、五指退化，不与地面接触，称为悬指，每指仅有2块指节骨，即冠骨与蹄骨（图2-9）。

籽骨：为块状小骨，分为近籽骨和远籽骨。近籽骨共有4块，位于大掌骨下端与系骨之间的掌侧；远籽骨2块，位于冠骨与蹄骨之间的掌侧。

（2）前肢关节。前肢与躯干之间不形成关节，借强大的肩带肌与躯干连接。前肢各骨之间以关节的形式相连，自上而下依次为肩关节、肘关节、腕关节和指关节。

肩关节：由肩胛骨的肩臼与臂骨头构成，角顶向前，属多轴关节。

肘关节：由臂骨远端与前臂骨的近端构成，角顶向后，属单轴关节。

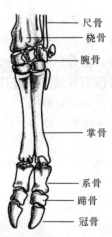

图2-9 牛的指骨

腕关节：由前臂骨远端、腕骨及掌骨近端构成，角顶向前，属单轴关节。

指关节：包括系关节（球节）、冠关节和蹄关节。系关节由掌骨远端、近籽骨与系骨近端构成；冠关节由系骨远端、冠骨近端构成；蹄关节由冠骨远端、远籽骨及蹄骨近端构成。这些关节主要进行屈、伸运动。

> **小贴士**
>
> 大多数籽骨很小，一般为关节的辅助结构，制作标本的时候容易缺失，因此，标本室的标本往往籽骨不全。

4. 后肢骨骼

（1）后肢骨。包括髋骨、股骨、膝盖骨、小腿骨、跗骨、跖骨、趾骨和籽骨（图

2-10)。

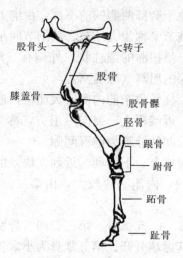

图 2-10 牛的后肢骨

髋骨：由髂骨、耻骨和坐骨结合而成。三骨结合处形成一个深的杯状关节窝，称为髋臼。髂骨位于背外侧，其前部宽而扁，呈三角形，称为髂骨翼；后部呈三棱形，称为髂骨体。髂骨翼的外侧面称为臀肌面，内侧面（骨盆面）称为耳状面，外侧角称为髋结节，内侧角称为荐结节。耻骨位于腹侧前方，坐骨位于腹侧后部。两骨之间的结合处，分别称为耻骨联合和坐骨联合，合称为骨盆联合。两侧坐骨后缘形成坐骨弓，弓的两端突出且粗糙，称为坐骨结节（图 2-11）。

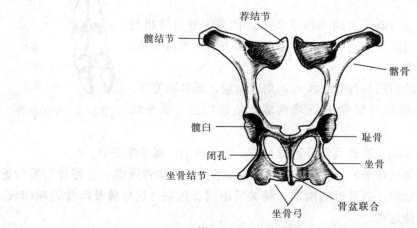

图 2-11 牛的髋骨（背侧面）

股骨：为一大的管状长骨。由后上方斜向前下方，近端内侧有球形的股骨头，外侧有一粗大的突起称为大转子。远端粗大，前方为滑车状关节面，与髌骨成关节；后方为股骨髁，与胫骨成关节。

膝盖骨：又称为髌骨，呈圆锥形，位于股骨远端的前方。其前面粗糙，供肌腱、韧带附着；后面为关节面，与滑车状关节面成关节。

小腿骨：包括胫骨和腓骨。胫骨发达，呈棱柱状。近端粗大，有内外髁，与股骨成关节；远端有滑车状关节面，与胫跗骨成关节。腓骨位于胫骨外侧，已退化为一向下的小突起。

跗骨：由5块短骨组成，排成三列。近列跗骨发达，有2块，前内侧为距骨，后外侧为跟骨。跟骨后上方的突起，称为跟结节。中列只有一块中央跗骨，远列由内向外依次为第一、二、三、四跗骨。

跖骨、趾骨和籽骨：分别与前肢相应的掌骨、指骨和籽骨相似。

（2）后肢关节及骨盆。

①后肢关节。后肢以荐髂关节与躯干牢固相连，以便把后肢肌肉收缩时产生的推动力传向躯体。为保持站立时的稳定，后肢各关节与前肢相适应，除趾关节外，各关节的方向相反。后肢关节由上向下依次是荐髂关节、髋关节、膝关节、跗关节和趾关节等。

荐髂关节：由荐骨翼与髂骨的耳状关节面构成，关节面不平整，周围有短而强的关节囊，并有一层短的韧带加固。因此，荐髂关节几乎不能活动。

髋关节：由髋臼和股骨头构成，属多轴关节。髋关节能进行多方面运动，但主要是屈、伸运动。在关节屈曲时常伴有外展和旋外，在伸展时伴有内收和旋内。

膝关节：为复关节，包括股胫关节和股髌关节。股胫关节由股骨远端的髁和胫骨近端的关节面构成；股髌关节由髌骨和股骨远端的滑车关节面构成。膝关节为多轴关节，但由于受到肌肉和韧带的限制，主要做屈、伸运动。

跗关节：又称为飞节，是由小腿骨远端、跗骨和跖骨近端构成的复关节。跗关节为单轴关节，主要做屈、伸运动。

趾关节：包括系关节、冠关节和蹄关节。其构造与前肢指关节相同。

②骨盆。由左右髋骨、荐骨、前四个尾椎和两侧的荐坐韧带围成，呈前宽后窄的圆锥形（图2-11）。骨盆腔具有保护盆腔脏器和传递推力的作用。骨盆的形状和大小，因性别而异。总的说来，母畜的骨盆腔较公畜的大而宽敞，荐骨与耻骨的距离（骨盆纵径）较公畜大；髋骨两侧对应点的距离较公畜远，也就是骨盆的横径也较大；骨盆底的耻骨部较凹，坐骨部宽而平。骨盆后口也较大。

> **小贴士**
>
> 骨盆联合在动物成年后逐渐骨化愈合，但经产母畜在分娩过程中因骨盆开张易导致连接处裂伤，恢复后会留下较深裂痕。

二、肌肉

运动系统的肌肉属于横纹肌，因其附着在骨上，故又称为骨骼肌。每块肌肉都是一个器官，都具有一定的形态构造和功能。

（一）概述

1. 肌肉的形态和构造 畜体肌肉的形状多种多样，根据形态可将其分为长肌、短肌、阔肌和环形肌4种。长肌多分布于四肢；短肌主要存在于脊柱相邻椎骨之间；阔肌多见于胸、腹壁；环形肌分布在自然孔周围。每一块肌肉都分肌腹和肌腱两部分。

（1）肌腹。由许多骨骼肌纤维借结缔组织结合而成，肌腹收缩，产生运动。肌纤维是肌肉的实质部分，结缔组织则为间质部分。由结缔组织把肌纤维先集合成小肌束，再集合成大的肌束，然后集合成肌肉块。包在肌肉块外面的结缔组织称为肌外膜，包在肌束外的称为肌束膜，包在肌纤维外的称为肌内膜。间质内有血管、神经和脂肪，对肌肉起连接、支持和营养作用。

（2）肌腱。在肌肉的两端，致密结缔组织取代肌纤维而形成肌腱。肌腱在四肢多呈索状，在躯干多呈薄板状。肌腱不能收缩，但具有很强的韧性和抗张力，其纤维伸入到骨膜和骨质中，而使肌肉牢固地附于骨上。

2. 肌肉的起止点 肌肉一般都以两端附着于骨或软骨，中间越过一个或多个关节。当肌肉收缩时，肌腹变短，以关节为支点，牵引骨发生位移而产生运动。肌肉收缩时，固定不动的一端为起点，活动的一端为止点。但随着运动状况发生变化，起止点也可发生改变。

3. 肌肉的种类及命名 肌肉一般根据作用、形态、位置、结构、起止点及肌纤维方向等特征命名。如伸肌、屈肌、内收肌等是根据其作用命名；二头肌、三角肌等是根据其形态命名；直肌、横肌、斜肌等是根据其纤维方向命名；臂头肌、胸头肌等是根据起止点命名。大多数肌肉是综合了数个特征而命名。

4. 肌肉的辅助器官 在肌肉周围，还有一些肌肉的辅助器官，如筋膜、黏液囊和腱鞘等。

（1）筋膜。筋膜为覆盖在肌肉表面的结缔组织膜，可分为浅筋膜和深筋膜。浅筋膜位于皮下，由疏松结缔组织构成，覆盖在整个肌肉表面。浅筋膜内有血管、神经、脂肪及皮肌分布，有保护、贮存营养和调节体温的作用；深筋膜由致密结缔组织构成，致密而坚韧，包围在肌群的表面，并伸入肌间，附着于骨上，有连接和支持肌肉的作用。

（2）黏液囊。黏液囊是密闭的结缔组织囊，囊壁薄，内衬滑膜，囊内有少量黏液。黏液囊多位于骨的突起与肌肉、肌腱、皮肤之间，有减少摩擦的作用。关节附近的黏液囊常与关节腔相通，称为滑膜囊。

（3）腱鞘。腱鞘是卷曲成长筒状的黏液囊，分内、外两层。外层为纤维层，由深筋膜增厚而成；内层为滑膜层，又分壁层和脏层。壁层紧贴在纤维层的内面，脏层紧包在腱上，壁层与脏层之间形成空腔，内有少量滑液。腱鞘包围于腱的周围，多位于四肢关节部，有减少摩擦、保护肌腱的作用。

（二）全身主要肌肉的分布

牛的全身肌肉，按所在部位，可分为头部肌肉、躯干肌肉、前肢肌肉和后肢肌肉（图2-12）。在头、颈等部位还有皮肌。

1. 皮肌 皮肌为分布于浅筋膜中的薄层骨骼肌，大部分与皮肤深面紧密相连。皮肌并不覆盖全身，根据其部位可分为面皮肌、颈皮肌、肩臂皮肌及躯干皮肌。皮肌的作用是颤动皮肤，以驱除蚊蝇及抖掉灰尘、水滴等。

2. 头部肌肉 主要分为面部肌和咀嚼肌。

（1）面部肌。面部肌是位于口腔、鼻孔、眼孔周围的肌肉，分为开张自然孔的开肌和关闭自然孔的括约肌。

（2）咀嚼肌。咀嚼肌是使下颌发生运动的肌肉，可分为闭口肌和开口肌。

闭口肌：是闭口的肌肉，为磨碎食物的动力来源，所以很发达且富有腱质，主要有咬肌、翼肌和颞肌。

开口肌：有向下牵引下颌骨而使口腔打开的作用，主要肌肉是二腹肌。

3. 躯干的主要肌肉 可分为脊柱肌、颈腹侧肌、胸壁肌和腹壁肌。

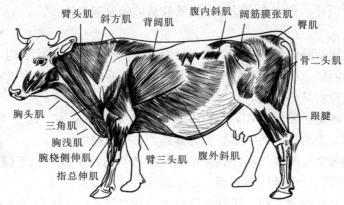

图 2-12 牛的全身浅层肌

(1) 脊柱肌。支配脊柱活动的肌肉,可分为背侧肌和腹侧肌。

① 脊柱背侧肌。位于脊柱的背侧,很发达,尤其在颈部。其作用是两侧肌肉同时收缩时,可伸脊柱、举头颈;一侧肌肉收缩时,可向一侧偏脊柱。主要包括如下两块肌肉。

背最长肌:是体内最大的肌肉,呈三棱形,位于胸椎、腰椎的棘突两侧的三棱形沟内。起于髂骨前缘及腰荐椎,向前止于最后颈椎及前部肋骨近端。

髂肋肌:位于背最长肌的外侧,由一系列斜向前下方的肌束组成。髂肋肌与背最长肌之间的肌沟,称为髂肋肌沟。

> **小贴士**
>
> 中兽医中的穴位很多分布在髂肋肌沟中,所以,临床上采用针灸的方法治疗时,定位穴位可以髂肋肌沟作为参照。

② 脊柱腹侧肌。脊柱腹侧肌不发达,仅存于颈部和腰部。位于颈部的有颈长肌,位于腰部的有腰小肌和腰大肌。腰小肌狭长,位于腰椎腹侧面的两侧;腰大肌较大,位于腰椎横突腹外侧。

(2) 颈腹侧肌。颈腹侧肌位于颈部气管、食管的腹外侧,呈长带状肌肉。主要肌肉有胸头肌、肩胛舌骨肌和胸骨甲状舌骨肌。

胸头肌:位于颈部腹外侧皮下,臂头肌的下缘。胸头肌与臂头肌之间的沟称为颈静脉沟,内有颈静脉,为牛、羊采血和输液的常用部位。

肩胛舌骨肌:位于颈侧部,臂头肌的深面。

胸骨甲状舌骨肌:位于气管腹侧。

(3) 胸壁肌。胸壁肌主要有肋间外肌、肋间内肌和膈。

肋间外肌:位于肋间隙的表层,肌纤维由前上方斜向后下方。收缩时,牵引肋骨向前外方移动,使胸腔横径扩大,助吸气。

肋间内肌:位于肋间外肌的深层,肌纤维由后上方斜向前下方。收缩时,牵引肋骨向后内方移动,使胸腔缩小,助呼气。

膈:为一大圆形板状肌,位于胸腹腔之间,又称为横膈膜。膈由周围的肌质部和中央的腱质部构成。腱质部由强韧的腱膜构成,凸向胸腔。收缩时,膈顶后移,扩大胸腔纵径,助吸气;舒张时,膈顶回位,助呼气。膈上有3个裂孔:上方是主动脉裂孔,中间是食管裂孔，下方是腔静脉裂孔，分别有主动脉、食管和后腔静脉通过。

（4）腹壁肌。

①腹壁肌构成腹腔的侧壁和底壁，由4层纤维方向不同的薄板状肌构成。由外向内依次是腹外斜肌、腹内斜肌、腹直肌和腹横肌。其表面覆盖有一层坚韧的腹壁筋膜，称为腹黄筋膜，有协助腹壁支持内脏的作用。

腹外斜肌：为腹壁肌的最外层，肌纤维由前上方走向后下方。起于第五至最后肋的外面，起始部为肌质，至肋弓下约一掌处变为腱膜，止于腹白线。

腹内斜肌：为腹壁肌的第二层，肌纤维由后上方斜向前下方。起于髋结节及腰椎横突，向前下方伸延，至腹侧壁中部转为腱膜，止于最后肋后缘及腹白线。

腹直肌：为腹壁肌的第三层，肌纤维纵行。呈宽带状，位于腹白线两侧的腹底壁内，起于胸骨和后部肋软骨，止于耻骨前缘。

腹横肌：是腹壁肌的最内层，较薄。起于腰椎横突及肋弓内侧，肌纤维上下走行，以腱膜止于腹白线。

②腹肌的作用。腹壁肌各层肌纤维的走向不同，彼此重叠，与被覆在腹肌表面的腹黄筋膜，共同构成柔软而富有弹性的腹壁，对腹腔脏器起着重要的支持和保护作用。腹肌收缩，能增大腹压，协助呼气、排便和分娩等活动。

③腹白线。腹白线位于腹底壁正中线上，剑状软骨与耻骨之间。由两侧腹壁肌的腱膜交织而成。在白线中部稍后方有一瘢痕称为脐，公牛的尿道开口于此。

④腹股沟管。腹股沟管位于股内侧，为腹外斜肌和腹内斜肌之间的一个斜行裂隙。管的内口通腹腔，称为腹环；外口通皮下，称为皮下环。腹股沟管是胎儿时期睾丸从腹腔堕入阴囊的通道。公牛的腹股沟管内有精索。动物出生后如果腹环过大，小肠易进入腹股沟管内，形成疝。

4. 前肢的主要肌肉 前肢的主要肌肉可分为肩带肌和作用于前肢各关节的肌肉（图2-13）。

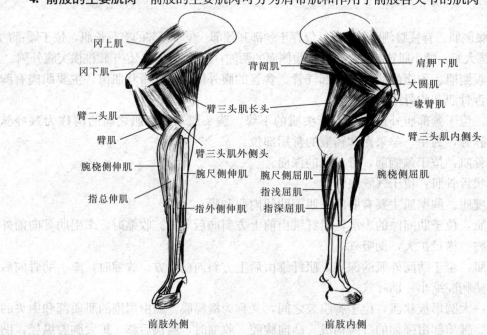

图2-13 牛的前肢肌肉

(1) 肩带肌。肩带肌是连接前肢与躯干的肌肉，大多数为板状肌。起于躯干骨，止于肩胛骨、臂骨及前臂骨。根据其位置可分为背侧肌群和腹侧肌群。

①背侧肌群。主要有斜方肌、菱形肌、臂头肌和背阔肌。

斜方肌：为扁平的三角形肌，起于项韧带索状部、棘上韧带，止于肩胛冈。斜方肌分为颈、胸两部，颈斜方肌纤维由前上方斜向后下方，胸斜方肌纤维由后上方斜向前下方。

菱形肌：位于斜方肌和肩胛骨的深面，起于项韧带索状部、棘上韧带，止于肩胛软骨内侧面。

臂头肌：呈长而宽的带状，位于颈侧部浅层，自头伸延至臂，构成颈静脉沟的上界。起于枕骨、颞骨和下颌骨，止于臂骨。

背阔肌：位于胸侧壁的上部，为一三角形的大板状肌，肌纤维由后上方斜向前下方，部分被躯干皮肌和臂三头肌覆盖。主体部分起自腰背筋膜，止于臂骨内侧。

②腹侧肌群。主要有腹侧锯肌和胸肌。

腹侧锯肌：为一宽大的扇形肌，下缘呈锯齿状。腹侧锯肌分为颈、胸两部，颈腹侧锯肌位于颈部外侧，发达，几乎全为肌质；胸腹侧锯肌位于胸外侧，较薄，表面和内部混有厚而坚韧的腱层。

胸肌：位于胸壁腹侧与肩臂内侧之间的强大肌群，分胸浅肌和胸深肌两层，有内收和摆动前肢的作用。

(2) 肩部肌。肩部肌为作用于肩关节的肌肉，分布于肩胛骨的外侧面及内侧面，起于肩胛骨，止于臂骨，跨越肩关节，可伸、屈肩关节和内收、外展前肢。

冈上肌：位于冈上窝内，全为肌质。起于冈上窝和肩胛软骨，止于臂骨的内、外侧结节。有伸展及固定肩关节的作用。

冈下肌：位于冈下窝内，大部分被三角肌覆盖。作用为外展及固定肩关节。

三角肌：位于冈下肌的浅层，呈三角形，以腱膜起于肩胛冈、肩胛骨后角及肩峰，止于臂骨三角肌结节。有屈肩关节的作用。

肩胛下肌：位于肩胛骨内侧的冈下窝内，可内收前肢。

大圆肌：位于肩胛下肌后方，呈带状，有屈肩关节的作用。

(3) 臂部肌。臂部肌分布于臂骨周围，主要作用于肘关节。

臂三头肌：位于肩胛骨后缘与臂骨形成的夹角内，呈三角形，是前肢最大的一块肌肉。它以长头和内、外侧头分别起于肩胛骨及臂骨的内外侧，止于尺骨的鹰嘴。有伸肘关节的作用。

前臂筋膜张肌：位于臂三头肌后缘，为一狭长肌肉。起于肩胛骨后角，止于鹰嘴。可伸肘关节。

臂二头肌：位于臂骨前面，呈纺锤形。起于肩胛结节，止于桡骨近端前内侧。有屈肘关节的作用。

臂肌：位于臂骨前内侧的肌沟内，有屈肘关节的作用。

(4) 前臂及前脚部肌。为作用于腕关节、指关节的肌肉，分为背外侧肌群和掌侧肌群。这部分肌肉的肌腹多在前臂部，至腕关节附近移行为腱。

背外侧肌群：背外侧肌群的肌腹位于前臂部上部的背外侧，是腕、指关节的伸肌。由前向后依次是腕桡侧伸肌、指内侧伸肌、指总伸肌、指外侧伸肌和腕斜伸肌。

掌侧肌群：掌侧肌群的肌腹位于前臂骨的掌侧面，是腕、指关节的屈肌。包括腕外侧屈肌、腕尺侧屈肌、腕桡侧屈肌、指浅屈肌和指深屈肌。

5. 后肢的主要肌肉 后肢肌肉较前肢发达，是推动躯体前进的主要动力。后肢肌肉可分为臀股部肌、小腿部肌及后脚部肌（图2-14）。

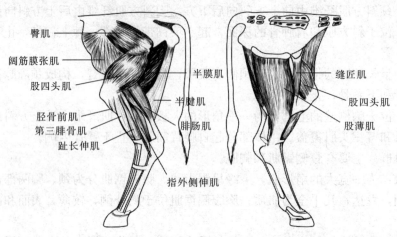

图2-14 牛的后肢肌（外侧臀股二头肌已切除）

（1）臀股部肌。臀股部肌为全身最发达的肌群，构成臀部和股部。起于荐骨、髂骨，止于股骨、小腿骨和跗骨。主要作用于髋关节、膝关节。

臀肌：发达，起于髂骨翼和荐坐韧带，前与背最长肌筋膜相连，止于股骨大转子。臀肌有伸髋结节作用，并参与竖立、踢蹴及推进躯干的作用。

股二头肌：长而宽大，位于臀肌之后。起点有两个肌头：椎骨头起于荐骨，坐骨头起于坐骨结节。向下以腱膜止于膝部、胫部及跟结节。该肌有伸髋结节、膝关节及跗关节的作用。

半腱肌：位于股二头肌之后，起自坐骨结节，以腱膜止于胫骨嵴及跟结节。作用同股二头肌。

半膜肌：位于半腱肌的后内侧，起自坐骨结节，止于股骨远端、胫骨近端内侧。作用同股二头肌。

股阔筋膜张肌：位于股部前方浅层，起于髋结节，向下呈扇形展开。上部为肌质，较厚，向下延续为阔筋膜，止于髌骨和胫骨近端。它有屈髋关节、伸膝关节的作用。

股四头肌：很强大，位于股骨的前方和两侧，被股阔筋膜张肌覆盖。有4个肌头，即直头、内侧头、外侧头和中间头。直头起于髂骨体，其余三头分别起于股骨的外侧、内侧及前面，向下共同止于髌骨。它有伸膝关节的作用。

股薄肌：薄而宽，位于股内侧皮下，有内收后肢的作用。

内收肌：呈三棱形，位于半膜肌前方，股薄肌深面，有内收后肢的作用。

（2）小腿及后脚部肌。多为纺锤形，起自股骨、小腿骨，止于跗骨、跖骨和趾骨，有伸、屈跗关节和趾关节的作用。这部分肌肉的肌腹多位于小腿上部，在跗关节附近变为肌腱。肌腱在通过跗关节处大部分包有腱鞘。可分为背外侧肌群和跖侧肌群。

背外侧肌群：肌腹位于小腿上部的背外侧，包括屈跗关节的肌肉和伸趾关节的肌肉。屈跗关节的肌肉有3块，即第三腓骨肌、胫骨前肌、腓骨长肌。伸趾关节的肌肉有3块，即趾内侧伸肌（第三趾固有伸肌）、趾长伸肌、趾外侧伸肌（第四趾固有伸肌）。

跖侧肌群：肌腹位于小腿上部的跖侧，主要有腓肠肌、趾浅屈肌、趾深屈肌。其中腓肠肌发达，肌腹呈纺锤形，有内、外两个肌头分别起于股骨远端，在小腿中部合为一强腱，止于跟结节。有伸跗关节的作用。

跟腱：为圆形强腱，是腓肠肌腱、趾浅屈肌腱、股二头肌腱、半腱肌腱合成的一强韧的腱索，连于跟结节上。有伸跗关节的作用。

 小贴士

肌肉之间常有大的血管和神经通过，比如股二头肌深面有身体中最大的神经——坐骨神经通过，临床上进行肌肉注射时就要避开这些大的神经和血管。

【实验实习与技能训练】

一、牛的全身主要骨、关节和骨性标志的识别

（一）目的要求

通过实习，学生能在标本、活体上识别牛主要的骨、关节和骨性标志。

（二）材料及设备

牛的整体骨骼标本、活牛。

（三）方法步骤

（1）在牛的骨骼标本上观察、识别头部、躯干部和四肢的主要骨、骨性标志、前后肢的主要关节。

（2）在牛活体上识别前、后肢的主要骨、关节和骨性标志。

（四）技能考核

在牛的骨骼或活体上识别牛全身的主要骨、关节和临床上常用的骨性标志。

（五）作业

写出牛的骨骼中主要骨、关节和临床上常用的骨性标志。

二、牛全身主要肌肉和肌性标志的识别

（一）目的要求

通过实习，学生能在标本、活体上识别牛的主要肌肉和肌性标志。

（二）材料及设备

牛的整体肌肉标本、活牛。

（三）方法步骤

（1）在牛的肌肉标本上观察、识别牛全身的主要肌肉、肌沟。

（2）在牛活体上识别全身主要的肌肉和肌沟。

(四）技能考核

在牛的肌肉标本或活体上识别牛全身的主要肌肉和临床上常用的肌性标志。

(五）作业

写出牛前、后肢主要肌肉和临床上常用的肌性标志。

【复习思考题】

1. 随着家畜年龄的变化骨的化学成分、物理特性会发生什么样的变化？为什么泌乳性能好的母畜易发生骨软症？
2. 简述骨的构造。
3. 关节由哪几部分构成？
4. 说明牛各段椎骨的数目和特点。
5. 肩带部的肌肉有哪些？
6. 腹壁从外向内由哪些肌肉构成？其肌纤维走向如何？

课题 2 牛（羊、猪）被皮系统

课题导航

通过学习本课题，知道皮肤和蹄的结构。

被皮系统由皮肤和皮肤的衍生物构成。皮肤的衍生物是由皮肤演化来的特殊器官，包括毛、皮肤腺、蹄、角等。

一、皮肤

（一）皮肤的构造

皮肤由表皮、真皮和皮下组织构成（图 2-15）。

1. 表皮 表皮位于皮肤的表层，由复层扁平上皮构成。表皮的厚薄因部位不同而不同，凡长期受摩擦的部位，表皮较厚，角化也较显著。表皮内无血管和淋巴管，但有丰富的神经末梢。皮肤的表皮由外向内依次为角化层、颗粒层和生发层。

（1）角化层。角化层是表皮的最表层，由数层已角化的扁平细胞构成，细胞内充满角质蛋白。老化的角质层不断脱落，形成皮屑。

（2）颗粒层。颗粒层由数层已开始角化的梭形细胞构成，细胞界限不清，胞质内含有嗜碱性的透明角质颗粒。

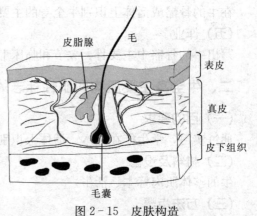

图 2-15 皮肤构造

(3) 生发层。生发层由数层形态不同的细胞组成。其中最深一层（基层）细胞呈立方形，能不断分裂，产生新的细胞，以补充表层脱落的细胞。生发层深部细胞间有星状的色素细胞，含有色素。色素决定皮肤的颜色，并能防止日光中的紫外线损伤深部组织。

2. 真皮 真皮位于表皮的深面，由致密结缔组织构成，坚韧而富有弹性，是皮肤最厚的一层。皮革就是由真皮鞣制而成的。真皮分布有汗腺、皮脂腺、毛囊及丰富的血管、淋巴管和神经等。临床上所进行的皮内注射，就是把药液注入真皮层内。牛的真皮厚，绵羊的薄；老龄的厚，幼畜的薄；公畜的厚，母畜的薄；同一家畜，背部和四肢外侧的厚，腹部和四肢内侧的薄。真皮又分为乳头层和网状层，两层互相移行，无明显的界限。

(1) 乳头层。乳头层紧靠表皮，由纤细的胶原纤维和弹性纤维交织而成，形成许多圆锥状乳头伸入表层的生发层内。乳头的高低与皮肤的厚薄有关，无毛或少毛的皮肤，乳头高而细；反之，乳头则小或没有。该层有丰富的毛细血管、淋巴管和感觉神经末梢，具有营养表皮和感受外界刺激的作用。

(2) 网状层。网状层位于乳头层的深面，较厚，由粗大的胶原纤维束和弹性纤维交织而成。内含有较大的血管、神经、淋巴管，并分布有汗腺、皮脂腺和毛囊。

3. 皮下组织 皮下组织位于真皮之下，由疏松结缔组织构成。皮肤借皮下组织与深部的肌肉、筋膜、腱膜相连接。皮下组织结构疏松而有弹性，利于皮肤做有限度的往返滑动。在皮下组织发达的部位，如颈部，皮肤易于拉起形成皱褶，临床上常在此进行皮下注射。

皮下组织内除较大的血管、淋巴管和神经外，还有较多的间隙以容纳组织液，或贮存大量的脂肪。皮下脂肪的多少是动物营养状况的标志。

（二）皮肤的机能

皮肤包被身体，既能保护深层的软组织，防止体内水分的蒸发，又能防止有害物质侵入体内，是畜体和周围环境的屏障。此外，皮肤能产生溶菌酶和免疫体，对微生物有较强的抵抗力。因此，皮肤是畜体重要的保护器官。

皮肤中存在着各种感受器，能够感受触、压、温、冷、痛等不同刺激。因此，皮肤是畜体重要的感觉器官。

皮肤能吸收一些脂类、挥发性液体（如醚、酒精等）和溶解在这些液体中的物质，但不能吸收水和水溶性物质。只有在皮肤破损或有病变时，水和水溶性物质才会渗入。因此，应用外用药物治疗皮肤病时，应当注意药物浓度和擦药面积的大小，以防止吸收过多而引起中毒。

皮肤还能通过排汗排出体内的代谢物，并具有调节体温、分泌皮脂、合成维生素 D 和贮存脂肪的功能。

二、皮肤的衍生物

（一）毛

毛是一种角化的表皮组织，坚韧而有弹性，是热的不良导体，具有保温作用。

1. 毛的形态和分布 畜体的毛可分为被毛和长毛两类。牛的被毛短而直，均匀分布；长毛粗而长，生长在特殊部位，如唇部的触毛、尾部的尾毛等。

2. 毛的构造 各种毛都斜插在皮肤里，可分为毛干和毛根两部分。露在皮肤外面的称为毛干，埋在真皮和皮下组织内的称为毛根。毛根周围有由上皮组织和结缔组织形成的管状鞘，称为毛囊。在毛囊的一侧有一束斜行平滑肌，称为竖毛肌，该肌收缩可使毛竖立。毛根的末端膨大部称为毛球，细胞分裂能力很强，是毛的生长点。毛球的底部凹陷，真皮的结缔组织突入其内形成毛乳头，内含丰富的血管、神经，可营养毛球。

3. 换毛 毛有一定的寿命，生长到一定时期，就会衰老脱落，为新毛所代替，这个过程称为换毛。

换毛的机制：当毛长到一定时期，毛乳头的血管萎缩，血流停止，毛球的细胞停止增生，并逐渐角化和萎缩，最后与毛乳头分离，毛根逐渐脱离毛囊向皮肤表面移动，同时紧靠毛乳头的细胞增殖形成新毛。最后旧毛被新毛推出而脱落。

换毛的方式：换毛分季节性换毛和经常性换毛。季节性换毛发生在春、秋两季，全身的粗毛多以此种方式脱换；经常性换毛不受季节的限制，随时脱换一些长毛。

> **小贴士**
>
> 动物换毛主要受体内激素的调节，最重要的激素是褪黑激素。目前在毛皮动物的饲养管理中已普遍使用这种激素产品。

（二）皮肤腺

皮肤腺包括汗腺、皮脂腺和乳腺。

1. 汗腺 汗腺位于真皮和皮下组织内，为盘曲的单管状腺，开口于毛囊或皮肤表面。绵羊的汗腺发达，黄牛次之，水牛没有汗腺。汗腺的主要机能是分泌汗液，以散发热量调节体温。汗液中除水（98%）外，还含有盐和尿素、尿酸、氨等代谢产物。故汗腺分泌还是畜体排泄代谢产物的一个重要途径。

2. 皮脂腺 皮脂腺位于真皮内毛囊附近，为分支的泡状腺，开口于毛囊。皮脂腺分布广泛，其分泌物称为皮脂，是一种不定型的脂肪性物质，有滋润皮肤和被毛的作用。绵羊分泌的皮脂与汗液混合为脂汗。脂汗对羊毛的质量影响很大，若缺乏，则被毛粗糙、无光泽，而且易折断。

3. 乳腺 牛的乳腺位于两股之间，悬吊于耻骨部，外被皮肤，形成乳房。详述见课题6牛（羊、猪）生殖系统。

（三）蹄

蹄是指（趾）端着地的部分，由皮肤演化而成，具有支持体重的作用。

牛和羊为偶蹄动物，每肢有4个蹄。其中前面两个蹄较大，与地面接触，称为主蹄；后面两个蹄较小，不与地面接触，称为悬蹄。主蹄位于3、4指（趾）的远端，两蹄间的空隙称为蹄间隙，前端稍接触。蹄由蹄匣和肉蹄两部分组成（图2-16）。

1. 蹄匣 蹄匣是蹄的角质层，由蹄壁、蹄底和蹄球组成。

（1）蹄壁。蹄壁是牛站立时可见的蹄匣部分。蹄壁的上缘突起部分为蹄冠，内有冠状沟。蹄冠与皮肤相连的无毛区域为蹄缘，蹄缘的角质柔软而有弹性，可减少蹄壁对皮肤的压迫。蹄壁与地面接触的部分称为蹄壁底缘，在蹄壁底缘上有一条浅白色的环状线，称为蹄白线，是角质部分与真皮部分的分界。

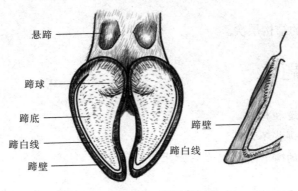

图 2-16　牛蹄（一侧的蹄匣除去）

蹄壁由外、中、内三层构成。外层又称为釉层，由角化的扁平细胞构成，幼畜明显，成年时常脱落。中层又称为冠状层，较厚，主要由平行排列的角质小管构成。内层为小叶层，由许多纵行排列的角质小叶构成。小叶层的角质小叶与肉壁的肉小叶互相嵌合，使蹄匣与肉蹄牢固结合。

（2）蹄底。蹄底是蹄朝向地面而略凹陷的部分，位于蹄壁底缘与蹄球之间。

（3）蹄球。蹄球位于蹄底后方的球形突起，质地柔软，有缓冲作用。

2. 肉蹄　肉蹄位于蹄匣内，有丰富的血管和神经，呈鲜红色。肉蹄供应蹄匣营养，并有感觉作用。肉蹄的形状与蹄匣相似，可分为肉壁、肉底和肉球三部分。肉壁的表面有许多纵行排列的肉小叶，与蹄壁的角质小叶对应。

（四）角

角是皮肤的衍生物，套在额骨的角突上。角可分为角根、角体和角尖三部分。角根与额部皮肤相连，角质薄而软，并出现环状的角轮；角体是角根向角尖的延续，角质逐渐变厚；角尖由角体延续而来，角质层最厚，甚至成为实体。

角的表面有环状的隆起，称为角轮。母牛角轮的出现与怀孕有关，每一次产犊之后，角根就出现新的角轮。牛的角轮仅见于角根，羊的角轮明显，几乎遍及全角。

【实验实习与技能训练】

皮肤、蹄形态构造的识别

（一）目的要求
掌握皮肤、蹄的形态和构造。

（二）材料及设备
牛的皮肤、蹄的标本或模型。

（三）方法步骤
(1) 在皮肤模型上，识别表皮、真皮、皮下组织和毛、皮肤腺。
(2) 在牛蹄标本或模型上，识别蹄壁、蹄冠、蹄缘、蹄球、蹄小叶、蹄白线等。

（四）技能考核
在皮肤、蹄的标本或模型上，识别皮肤、蹄的上述构造。

（五）作业

写出表皮和真皮的结构层次。

【复习思考题】

1. 简述皮肤的构造和机能。
2. 牛蹄与猪蹄有哪些不同？
3. 蹄白线位于蹄的哪一部位？在生产上有何意义？

课题3 牛（羊、猪）消化系统

课题导航

通过学习本课题，知道牛、羊、猪消化系统中的各器官，认识各消化器官的结构形态，知道其在内体的位置以及在体表的投影位置，知道食物在消化管中被消化和吸收的方式。

动物从外界摄入的食物，经过消化管时被分解成小分子可溶性物质，这个过程称为消化。经过消化后，大分子物质转变为简单的小分子微粒，连同水、无机盐、维生素等营养成分，透过消化管内壁上皮细胞进入血液与淋巴循环系统，这个过程则称为吸收。消化吸收活动是由消化系统完成的，可以为动物生存提供所需的营养物质。

一、消化系统简介

（一）消化系统的组成

消化系统是由消化管和消化腺构成的，消化管包括口腔、咽、食管、胃、小肠、大肠、肛门，消化腺包括壁内腺和壁外腺两种，壁内腺是分布在消化管壁中的腺体，壁外腺是独立于消化管之外的器官，包括唾液腺、肝和胰（图2-17）。

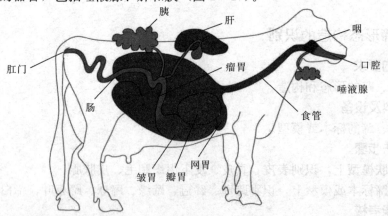

图2-17 牛消化系统的构成

(二) 消化管壁的一般构造

消化管各段的形态结构差异较大，但管壁的基本构造相似，由内向外依次分为黏膜层、黏膜下层、肌层和外膜4层（图2-18）。

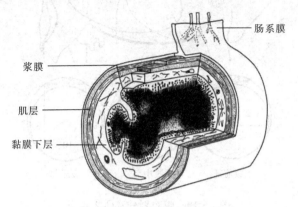

图2-18 消化管壁的构造

黏膜层：是消化管壁的最内层，柔软而湿润，色泽淡红，富有伸缩性，管腔空虚时形成皱褶。具有保护、吸收与分泌等功能。黏膜由内向外可分为三部分，内表面表面覆盖的是一层上皮组织称为黏膜上皮，口腔、食管、前胃（牛、羊等反刍动物）和肛门处为复层扁平上皮，耐摩擦，起保护作用。皱胃及肠管内壁均为单层柱状上皮，利于分泌及吸收。上皮外侧为一层结缔组织，内含丰富的微细血管、淋巴管、淋巴组织、神经和小腺体等，具有支持固定上皮层的作用，称为固有层。固有层外侧是一层薄层平滑肌，收缩时可使黏膜形成皱褶，有利于物质的吸收、血液的流动和腺体分泌物的排出。

黏膜下层：是连接黏膜和外围肌层的疏松结缔组织层，其内含有较大的血管、淋巴管与神经丛，在十二指肠段还含有分泌黏液的十二指肠腺。

肌层：是分布在黏膜下层周围的肌肉组织，口腔、咽、食管和肛门处为横纹肌层，胃、肠各段均为平滑肌层。平滑肌层又分为内环行肌和外纵行肌，两层之间有结缔组织和神经丛，两层肌肉交替收缩使胃、肠产生运动，促进内容物混合并向后推进，保证消化。

外膜：是管壁外表富有弹性纤维的结缔组织膜。胃和肠管的外膜表面覆盖一层间皮，称为浆膜（即后面所讲的腹膜脏层）。浆膜可分泌黏液保证胃、肠表面光滑湿润，避免胃肠运动时相互磨损。

(三) 腹腔与骨盆腔

1. 腹腔 腹腔是体内最大的腔室，前部与胸腔以膈为界，后部连通骨盆腔，两侧与底壁为腹肌及其腱膜，背侧壁主要为腰椎和腰肌，容纳大部分的消化、泌尿、生殖器官。为了描述器官在其中的位置，通常把腹腔划分为10个空间区域（图2-19）。

先通过两侧最后肋骨后缘突出点及髋结节前缘分别作两个横断面，将腹腔划分为腹前部、腹中部和腹后部。再将三部分进行如下划分。

腹前部：分为三部分。以肋弓为界，上部为季肋部，以正中矢状面为界分为左、右两部；下部为剑状软骨部。

腹中部：分为四部分。沿腰椎两侧横突顶点各作一个侧矢面，将腹中部分为左、右髂部和中间部；在中间部，再沿第一肋骨的中点作额面，背侧为腰部，腹侧为脐部。

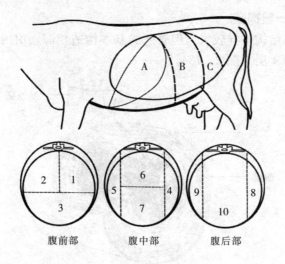

图 2-19 腹腔划分及体表投影
A. 腹前部 B. 腹中部 C. 腹后部
1. 左季肋部 2. 右季肋部 3. 剑状软骨部 4. 左髂部
5. 右髂部 6. 腰部 7. 脐部 8. 左腹股沟部 9. 右腹股沟部 10. 耻骨部

腹后部：分为三部分。把腹中部的两个侧矢面平行后移，使腹后部分为左、右腹股沟部和中间的耻骨部。

2. 骨盆腔　骨盆腔实际是腹腔向后延续的部分。由背侧壁的荐骨和前几个尾椎、两侧的髂骨和荐坐韧带、腹侧的耻骨和坐骨弓围成，呈前宽后窄的圆锥形。内有直肠、膀胱和部分生殖器官。

（四）腹膜与腹膜腔

腹腔壁和骨盆腔壁表面覆盖一层浆膜，这层浆膜是腹膜的壁层，腹膜的壁层从腹腔和骨盆腔顶壁折转下来包裹住胃、肠、肝、脾、子宫、膀胱等内脏器官，形成这些器官的外膜，称为腹膜的脏层。悬挂肠管的部分为肠系膜，连接各器官之间的部分称为韧带，连接胃的部分称为网膜。腹膜壁层与脏层之间为腹膜腔，含有腹膜液。正常情况下腹膜液呈澄清透明，或微黄色透明（图 2-20）。

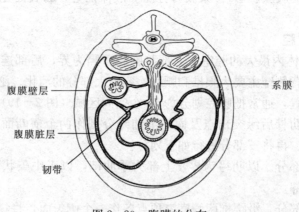

图 2-20 腹膜的分布

> **小贴士**
>
> 腹膜腔内的滑液一般是无色或浅黄色透明的液体,当腹膜腔内发生炎症或内脏破裂时就会有血液、炎症产物或食物等进入腹膜腔的滑液中,所以临床上采集腹膜液可以帮助进行疾病的诊断。如肝炎中后期会产生腹水,即存在于腹膜腔内。

（五）消化的方式

1. 机械性消化 通过消化器官的运动,改变饲料物理性状的一种消化方式,因此又称为物理性消化,如口腔内牙齿的咀嚼、胃肠的收缩蠕动等。这种消化能够起到磨碎饲料并与消化液混合,促进胃肠内容物后移,充分接触胃肠黏膜表面便于营养物质的吸收等作用。

2. 化学性消化 在这一过程中消化液里的酶起关键作用,食物大分子会变成小分子物质,发生了化学变化。

酶是机体内细胞产生的一种具有催化能力的物质,通常称为生物催化剂。具有消化作用的酶类称为消化酶,由消化腺产生并多数存在于消化液中,少数存在于肠黏膜脱落细胞或肠黏膜内。

酶具有高度的特异性,即一种酶只能作用某一种物质的生化过程,对其他物质则无作用。消化酶多为水解酶,主要包括蛋白分解酶、脂肪分解酶和糖分解酶三大种类型。如糖分解酶中的淀粉酶只能对淀粉的分解起作用,而对蛋白质、脂肪及双糖都无作用。

酶是一种具有生物活性的物质,其活性受温度、酸碱度、激动剂或抑制剂等因素的影响而变化。温度影响很大,最适温度通常在 37～40℃,这时酶的活性最强。因此,体温过低或过高都会影响到食物的消化分解。酶对所处环境(即体液)的酸碱度也非常敏感,不同的酶对酸碱度的要求也不一样,如胃蛋白酶在酸性环境中活性最佳,故胃液需保持一定酸性;唾液淀粉酶在中性环境中最活跃,故口腔内应呈中性;胰蛋白酶在碱性环境中活性最好,因此,小肠内的环境为碱性。激动剂指能使某种酶活性增强的物质,如氯离子可以大大增强淀粉酶的活性,称为淀粉酶的激动剂;有些物质则相反,能使某一种酶的活性降低甚至完全消失,称为酶的抑制剂,如一些重金属离子（Ag、Cu、Hg、Zn 等）或所谓的毒物。临床上遇到的许多中毒现象,其实质就是某些酶遇到抑制剂而活性被抑制,中断了生化反应过程。

酶还有一个特性,刚分泌出来时没有活性称为酶原,需要致活才起作用。使酶原完成致活的物质称为致活剂（有些激动剂也是致活剂）,大多数消化酶都需要致活剂才具有活性,如胃蛋白酶原在盐酸（提供氢离子）的作用下被致活,那么盐酸就是致活剂。

3. 生物性消化 就是消化道内微生物对饲料的发酵作用。不同动物对这种方式的利用程度差别较大。草食动物以饲草为主要食物来源,饲草属于多糖物质含有大量的大分子纤维素,动物体内细胞不能分泌分解纤维素的酶类。纤维素的分解要靠消化管内共生的大量微生物细菌和纤毛虫来承担。牛、羊的生物性消化主要在瘤胃及大肠内进行,马属动物的生物性消化主要在盲肠、结肠进行,猪的生物性消化不占主要地位,在大肠中进行。

二、消化系统各器官的结构与功能

（一）口腔的结构与功能

口腔由前方的唇,两侧的颊、顶壁的硬腭和软腭、底壁的舌构成。口腔的消化功能主要是采食、咀嚼和吞咽。采食是动物与生俱来的非条件反射活动，了解动物采食的习性，提高饲料的适口性能提高饲养的效率。咀嚼的过程是通过牙齿的磨碎和舌的搅拌作用完成的，在这个过程中，唾液也起着重要的作用。

1. 唇 唇分为上唇与下唇两部分，其游离缘共同围成口裂。唇缘以内为黏膜，以外为皮肤。牛的唇坚实、短厚、不灵活。上唇中部和两鼻孔之间有一无毛区，称为鼻唇镜。鼻唇镜表面常有鼻唇腺分泌的液体，故其表面常湿润而温度较低。在疾病状态下有时干燥，甚至出现裂纹，称为龟裂，可作为诊断参考。羊唇薄而灵活，上唇中间有明显的纵沟，在鼻孔间形成无毛的鼻镜（图2-21）。

猪的口腔较长，猪唇活动性小。上唇短而厚，与鼻连在一起构成吻突（图2-21），主要起掘地觅食作用。下唇尖而小，口裂很长，口角与第三至第四前臼齿相对。

图2-21 牛的鼻唇镜与猪的吻突

2. 颊 颊是口腔的侧壁，内表面衬有黏膜。牛羊的颊黏膜角质化程度高，形成许多尖端向后的锥状乳头耐摩擦，所以牛羊采食粗糙的草料不会受到损伤，颊黏膜上有颊腺和腮腺管的开口。猪的颊黏膜平滑，内有颊腺。

3. 硬腭 硬腭构成固有口腔的顶壁。牛的硬腭黏膜厚而坚硬，上皮高度角质化，前端与齿板（猪的是切齿）之间有一突起，称为切齿乳头。切齿乳头两侧有鼻腭管的开口，鼻腭管的另一端通鼻腔。

4. 软腭 软腭是硬腭向后延续的部分，构成口腔的顶壁后缘，与舌根之间形成咽峡，是口腔与咽之间的通道。猪的软腭黏膜里有发达的淋巴细胞群，称为腭扁桃体，发炎时可看到扁桃体肿大使得黏膜表面红肿隆起。

5. 舌 舌主要由舌肌（横纹肌）和表面的黏膜构成，附着于舌骨上，在咀嚼、吞咽动作中起搅拌和推送食物作用。舌分为舌根、舌体和舌尖三部分。舌尖向前呈游离状态，舌尖与舌体交界处的腹侧面有两条舌系带，与口腔底部相连。牛舌系带的两侧各有一突起乳头，称为舌下肉阜（中医称卧蚕），是颌下腺的开口处。舌根为舌体后部附着于舌骨上的部分，其背侧黏膜内含有大量的淋巴组织，称为舌扁桃体。猪无舌下肉阜，但在舌体与齿龈之间的舌下隐窝黏膜上，有多个纵行排列的舌下腺管的开口。

牛舌宽厚有力，舌尖灵活，是采食的主要器官。舌黏膜粗糙，角质化程度高，上有许多大小不一的角质化突起，称为舌乳头，有些舌乳头的黏膜上皮内有味蕾，食物刺激可产生味觉。舌背后部隆起，称为舌圆枕（图2-22）。

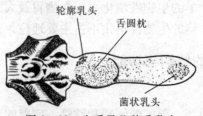

图2-22 牛舌及几种舌乳头

猪的舌窄、厚而较长，舌尖较薄，腹侧面与口腔底间形成两条舌系带。

> **小贴士**
>
> 牛的唇硬而不灵活，但舌灵活，牛采食时是靠舌卷住草"拽"到嘴里去的，牛没有上切齿，采食后一般不细嚼，直接吞咽了。在饲养中，草料尽量铡得短些有助于提高牛的消化效率。

6. 齿 齿是口腔中用于咀嚼食物的部分，质地坚硬，长在上、下颌骨的齿槽内，排列成弓形，分别称为上齿弓和下齿弓（图2-23）。

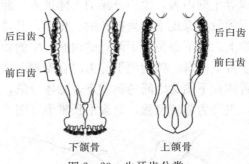

图2-23 牛牙齿分类

每一侧齿弓由前向后对称排列为切齿、犬齿和前后臼齿。除臼齿外，其余齿到一定年龄均按一定顺序进行脱换。脱换前的齿称为乳齿，一般个体较小、颜色乳白，磨损较快；脱换后的齿称为恒齿或永久齿，相对较大，坚硬，颜色较白。在生产中，可根据切齿的生长情况、咀嚼面磨损程度来判断年龄（图2-24）。

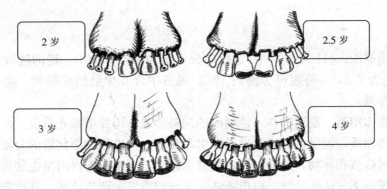

图2-24 不同年龄段的切齿形态

齿的种类及排列顺序可以用齿式表示：

$$2\begin{bmatrix} 切齿 & 犬齿 & 前臼齿 & 后臼齿 \\ 切齿 & 犬齿 & 前臼齿 & 后臼齿 \end{bmatrix}$$

这个齿式显示了半侧齿弓上排列的牙齿的种类、顺序及数目。

牛没有上切齿和犬齿，下切齿由正中向两边依次称为门齿、内中间齿、外中间齿和隅齿。牛的恒齿式：

与牛相比，猪的牙齿较多，切齿有3对，犬齿1对（公猪的犬齿发达尖端锐利且向外向上弯曲），前白齿4对，后白齿3对。猪的恒齿式：

$$2\begin{bmatrix} 3 & 1 & 4 & 3 \\ 3 & 1 & 4 & 3 \end{bmatrix}$$

齿在外形上分为埋于齿槽内的齿根、露于齿龈外的齿冠及介于两者之间的齿颈。上、下齿冠相对的咬合面称为咀嚼面。包围在齿颈外一层厚而坚硬的黏膜为齿龈，呈淡红色，有固定齿的作用。

7. 唾液腺 唾液腺指分泌唾液的壁内腺体，主要有腮腺、颌下腺和舌下腺各3对。另外还有如唇腺、颊腺、舌腺等小壁内腺，他们分泌的液体进入口腔统称为唾液。

腮腺位于耳根下方，下颌骨后缘皮下，呈狭长的三角形。其排泄管称为腮腺管，开口于与第五上白齿相对的颊黏膜上。颌下腺位于下颌骨的内侧，牛的颌下腺比腮腺大，后部被腮腺的深层覆盖。腺管开口于舌下肉阜。猪的颌下腺为混合型腺，比较小，开口于舌系带两侧的口腔底面。舌下腺位于舌体和下颌骨之间的黏膜下，腺体分散，腺管较多，开口于口腔底部黏膜上。猪舌下腺最小，主要为黏液型腺，呈扁平长带形（图2-25）。

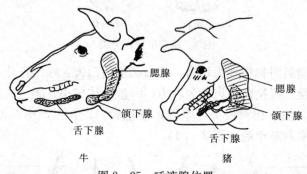

图2-25 唾液腺位置

牛的唾液呈碱性，pH为8.2，一昼夜的分泌量为100~200L。猪的唾液也为无色透明的黏液，pH约为7.4，一昼夜可分泌约15L。唾液中含有少量的淀粉酶，能初步将淀粉分解为糊精和麦芽糖。

唾液的主要作用为：浸润饲料，使嚼碎的饲料形成食团并增加光滑度，便于吞咽；溶解饲料中的可溶性物质，刺激舌的味觉感受器引起食欲，促进各种消化液的分泌；帮助清除口腔中的一些饲料残渣和异物，清洁口腔；唾液呈碱性，可中和瘤胃内微生物发酵所产生的有机酸；水牛等汗腺不发达的动物，可借唾液中水分的蒸发来调节散热。其中腮腺分泌能力最强，一般是伴随采食过程中才大量分泌。

唾液能溶解饲料的可溶性物质，引起味觉，能黏合食团便于吞咽。此外牛的唾液为碱性，能中和瘤胃内的微生物产酸。

（二）咽

咽位于口腔、鼻腔的后方，喉和气管的前上方，是消化和呼吸的共同通道。咽有7个孔与周围邻近器官相通：前上方经两个鼻后孔通鼻腔；前下方经咽峡通口腔；后背侧经食管口通食管；后腹侧经喉口通气管；两侧壁各有一咽鼓管口通中耳。

咽峡是软腭和舌根构成的咽与口腔之间的通道，其侧壁黏膜内有大量淋巴组织，称为腭扁桃体。食物在咽部不停留，因此没有消化作用。

（三）食管

食管是将食物由口腔经咽运送到胃的肌质管道，分颈、胸、腹三段。颈段食管起始于喉和气管的背侧，至颈中部逐渐转向气管的左侧，经胸腔前口入胸腔；胸段食管又转向气管的背侧，继续向后延伸，经纵隔到达横膈膜，穿过膈的食管裂孔进入腹腔；腹段食管较短，出横膈后与胃的贲门相接。

食管黏膜上皮为复层扁平上皮，耐摩擦，表面形成纵行皱襞。

猪的食管短而直，其颈段沿气管的背侧后行。食管的始端和末端管径较大，中部较细。黏膜内含有发达的食管腺，固有层中淋巴组织多。

（四）胃

胃位于腹腔内，是消化管的膨大部分，前以贲门接食管，后以幽门通十二指肠。分多室胃（牛、羊等）和单室胃（猪、马等）两种。多室胃由瘤胃、网胃、瓣胃和皱胃组成，其中前三个胃无消化腺，主要起贮存、发酵和分解粗纤维的作用，称为前胃；第四个胃有消化腺，能分泌胃液，进行化学性消化，与单室胃相同故称为真胃。分述如下。

1. 瘤胃的结构与功能

（1）瘤胃的形态结构特征。瘤胃容积最大，约占 4 个胃总容积的 80%。瘤胃呈前后稍长、左右略扁的椭球形，占据腹腔左半部的全部及右半部的一部分，前端与第七至第八肋间隙相对，后端达骨盆腔前口。左面与脾、膈和腹壁接触相邻，称为壁面；右面与瓣胃、皱胃、肠、肝、胰等器官接触相邻，称为脏面。

瘤胃的外壁前端和后端有较深的前沟和后沟，两条沟分别沿瘤胃的左、右侧延伸，形成较浅的左纵沟和右纵沟。左、右纵沟把瘤胃分成上部的背囊和下部的腹囊两部分。由于瘤胃的前、后沟较深，使背囊和腹囊的前后端向外形成突出部分，分别称为前背盲囊、前腹盲囊、后背盲囊、后腹盲囊。在后背盲囊和后腹盲囊之前，分别有后背冠状沟和后腹冠状沟（图 2 - 26）。

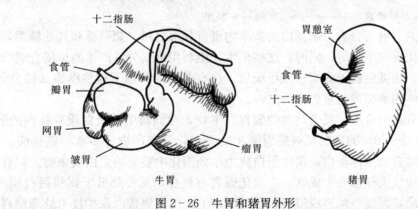

图 2 - 26　牛胃和猪胃外形

瘤胃与网胃间的连通口较大，称为瘤网胃口。其背侧形成一个穹隆，称为瘤胃前庭。前庭顶壁有贲门口孔，与食管相接通。瘤胃黏膜呈棕黑色或棕黄色，无腺体，表面有密集的乳头，有助于瘤胃内容物的混合翻转。前庭与肉柱上无乳头，颜色较淡。黏膜上皮为复层扁平上皮，黏膜内无腺体。肌层发达，内层环行肌，外层纵行或斜行肌（图 2 - 27）。

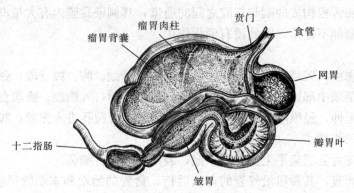

图 2-27 牛胃的切面

(2) 瘤胃的消化功能。瘤胃是牛、羊最重要的消化器官，因为牛、羊采食的饲草中主要成分是纤维素，而纤维素是牛、羊自身不能消化的，需要微生物的帮助。所以，瘤胃主要是进行生物学消化。

瘤胃内有大量的有机物和水，pH 接近中性（7.2），温度 39~41℃，非常适合微生物的生长、繁殖。瘤胃内的微生物主要是细菌和纤毛虫。据测定，1g 瘤胃内容物中含细菌 150 亿~250 亿个，纤毛虫 60 万~180 万个，总体积约占瘤胃容积的 3.6%，其中细菌和纤毛虫各占一半。在这些微生物的作用下，瘤胃内的饲料可发生下列复杂的消化过程。

纤维素的分解和利用：纤维素是饲草的主要成分，作为反刍动物能量主要来源的糖类物质，其中的大部分被细菌和纤毛虫分泌的纤维素分解酶逐级分解，最后产生挥发性脂肪酸（VFA，即乙酸、丙酸、丁酸等）和少量高级脂肪酸。据研究，牛一昼夜产生的 VFA 可提供 25.08~50.16MJ 的能量，占机体所需能量的 60%~70%。

纤维素的分解和利用途径如下：

纤维素 → 纤维二糖 → 葡萄糖 → 丙酮酸 → VFA + 甲烷 + 二氧化碳

半纤维素 ──────→ 木糖 → 乳酸

其他糖类的分解与合成：瘤胃内的微生物也可分解淀粉、葡萄糖和其他糖类，产生低级脂肪酸、二氧化碳和甲烷等。同时，这些微生物能利用饲料分解产生的单糖合成糖原，贮存于微生物体内。当微生物随食糜进入小肠后，在有关酶的作用下这些糖原又被分解为单糖，成为反刍动物体内葡萄糖的重要来源之一。

蛋白质的分解与合成：反刍动物的瘤胃微生物，对饲料中的蛋白质有强烈的分解作用。一般饲料中 50%~70% 的蛋白质被瘤胃微生物分解，分解产物为多肽与氨基酸。微生物可利用这些氨基酸合成菌体蛋白，菌体蛋白成为小肠消化中重要的蛋白质来源。但有相当一部分氨基酸又很快脱去氨基而生成氨、二氧化碳和有机酸，从而降低了饲料蛋白质的利用率。为了避免蛋白质被过度分解造成浪费，目前生产上应用瘤胃蛋白保护技术处理饲料蛋白，如热处理、颗粒化及化学处理等。瘤胃微生物可以利用氨和非蛋白氮（如尿素等）来合成蛋白质，生产实践中可用尿素添加饲料，以减少蛋白质饲料的使用降低饲养成本，但过多使用尿素会引起氨中毒。

脂类的消化：饲料中的脂肪能被瘤胃微生物水解，生成甘油和脂肪酸。其中甘油又被转变成丙酸，而脂肪酸由不饱和脂肪酸转变成饱和脂肪酸。

维生素的合成：瘤胃微生物能合成 B 族维生素（如硫胺素、核黄素、泛酸、维生素 B_{12}）和维生素 K。故一般日粮中缺乏这些维生素，也不致影响成年反刍动物的健康。

（3）瘤胃的运动。前胃的运动是互相协调配合的机械性消化活动，保障食物按照运行规律发生移行，其运动的基本顺序是：网胃→瘤胃→瓣胃。

①瘤胃的收缩。瘤胃的收缩有两种形式：一种称为 A 波收缩，收缩方向由瘤胃背侧前部、中部、后部转为腹侧后部、中部、前部环行一圈，即瘤胃前庭→背囊→腹囊→前庭。A 波使瘤胃内容物按收缩的顺序和方向发生移动和混合，并把部分内容物推向瘤胃前庭和网胃；另一种指瘤胃有时发生的一次单独收缩，称为 B 波，与反刍及嗳气有关。收缩方向为后腹盲囊→后背盲囊→前背盲囊→主腹囊，与 A 波方向相反，同样是为了混合食物。瘤胃 A 波收缩时可以从左髂部看到或用手触摸到，安静时约 1.8 次/min，采食时约 2.8 次/min，反刍时约 2.3 次/min。每次收缩的时间 15～25s，也可以听到"沙-沙"的蠕动音。临床上可以根据蠕动音响状态的变化初步判断前胃的机能状态。

②反刍。反刍是反刍动物特有的一种消化活动，牛羊采食时简单咀嚼就匆匆吞咽。饲料进入瘤胃后，经过一段时间的浸泡、软化，在休息时逆呕回口腔进行仔细充分咀嚼，并混合唾液再行咽下，这一过程称为反刍。经反刍后的食物进入瘤胃前庭，其中较细碎的部分进入网胃，较粗的部分仍与瘤胃内容物混合。

反 刍

犊牛在出生后 3～4 周出现反刍，其出现时间早晚与训练采食粗饲料的早晚有关。成年动物一般在饲喂后 0.5～1h 出现反刍，每次反刍平均为 40～50min，然后间隔一定时间再开始第二次反刍。牛一昼夜进行 6～8 次（幼畜可达 16 次）反刍，每天用于反刍的时间为 7～8h。

反刍是反刍动物最重要的生理机能，是一套复杂的反射动作，最后引起逆呕而完成。其生理意义是充分咀嚼混合唾液，帮助消化；中和胃内容物发酵时产生的有机酸；排出瘤胃内发酵产生的气体；促进食糜向后部消化管的推进。动物患病和过度疲劳时都可能引起反刍的次数减少甚至停止。

③嗳气。瘤胃内容物在微生物作用下的发酵，源源不断的产生大量气体，主要成分包括二氧化碳和甲烷。体重 500kg 的牛，每分钟即可产生 1L 左右，这些气体极小部分被瘤胃微生物自身利用，也有部分经气管入肺被吸收入血，大部分需要通过食管和口鼻排出体外。我们把通过食管排出发酵气体的生理现象，称为嗳气。牛每小时嗳气一般为 17～20 次。如不能正常进行嗳气，则会引起瘤胃臌气。

2. 网胃的结构与功能

（1）网胃的形态结构特征。牛的网胃容积最小，约占 4 个胃总容积的 5%。网胃呈梨状，前后稍扁，位于季肋部的正中矢状面上，紧邻膈。体表投影在第六至第八肋骨之间。网胃的后上方有瘤网口与瘤胃背囊相通；右下方有网瓣胃口与瓣胃相通。网胃与心包以膈相隔，距离很近，当牛吞食的尖锐物留在网胃时，常可穿透胃壁和膈而刺伤心包，引起创伤性心包炎。

网胃因黏膜形成网格状皱褶而得名，也称蜂巢胃。皱褶上密布角质乳头。自瘤胃贲门至网瓣口之间有一条螺旋状的沟，称为食管沟。沟两侧有隆起的黏膜褶，称为食管沟唇。犊牛的食管沟唇很发达，可闭合成管，乳汁可由贲门经食管沟和瓣胃沟直达皱胃；成年牛的食管沟闭合不严，饮水或稀薄液体可经此沟直接进入瓣胃，往后输送。

（2）网胃的运动。网胃相当于一个"中转站"，一方面将较稀软的饲料运送到瓣胃，另一方面将粗硬的饲料返送回瘤胃。

网胃的收缩活动是两次连续的收缩，第一次力量较弱，使网胃容积缩小约一半，即舒张。接着进行第二次强力收缩，使胃腔压缩到几乎全部消失，压迫胃内容物一部分返回瘤胃，一部分进入瓣胃。这种收缩一般30～60s重复一次。当反刍时，在第一次收缩前还增加一次附加收缩，将胃内容物逆呕至口腔，故也把附加收缩称为逆呕收缩。

3. 瓣胃的结构与功能

(1) 瓣胃的形态结构特征（图2-28）。牛的瓣胃占4个胃总容积的7%～8%，呈两侧稍扁的球形，很坚实。位于右季肋部，与第七至第十一肋相对，肩关节水平线通过瓣胃中线。羊的瓣胃比网胃小，呈卵圆形，位于右季肋部，与第九至第十肋相对。

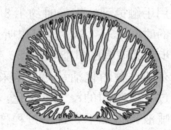

图2-28 牛的瓣胃切面

瓣胃的黏膜形成百余片大小、宽窄不同的叶片，俗称"百叶胃"，瓣叶上布满角质化乳头。在瓣胃底部有一瓣胃沟，前接网瓣胃口与食管沟相连，后接瓣皱胃口与皱胃相通，液态饲料可经此沟直接进入皱胃。

瓣胃相当于一个"滤器"，收缩时把饲料中较稀软的部分运送到皱胃，而把粗糙部分留在叶片间进行机械性消化，通过叶片间的揉搓研磨使咀嚼后的饲草成碎屑，以利于后续消化。

(2) 瓣胃的运动。瓣胃的收缩运动缓慢而有力，并与网胃的收缩相配合。当网胃收缩时，网瓣胃口开放，瓣胃舒张压力降低，使一部分食糜从网胃进入瓣胃。其中的液体部分经瓣胃沟直接进入皱胃，较粗糙的部分则进入瓣胃叶片之间，进行研磨与筛滤后再送入皱胃。

4. 皱胃的结构与功能

(1) 皱胃的形态结构特征。皱胃又称为真胃。皱胃容积占4个胃总容积的7%～8%，呈长囊状。前端粗大称为胃底部，与瓣胃相连；后端狭窄称为幽门部，与十二指肠相连。位于右季肋部和剑状软骨部，网胃和瘤胃腹囊的右侧，瓣胃的腹侧和后方，下贴腹腔底壁，与第八至第十二肋相对。

皱胃壁黏膜光滑、柔软，有12～14条螺旋形的皱褶，表面形成许多凹陷，称为胃小凹，是胃腺的开口。可分为贲门腺区、幽门腺区和胃底腺区。

贲门腺区和幽门腺区：面积较小，能分泌碱性黏液，保护胃黏膜。

胃底腺区：位于胃底部，面积最大，是分泌胃液的主要部位。在其黏膜固有层内有大量胃腺，胃腺可分泌消化酶，如胃蛋白酶原、胃脂肪酶，犊牛还能分泌凝乳酶，还可分泌盐酸、黏液，黏液能保护胃黏膜。

盐酸对胃部消化具有多方面的重要作用：致活胃蛋白酶原，保持胃蛋白酶所必需的酸性环境；使蛋白质膨胀变性，有利于胃蛋白酶的消化；杀死进入胃内的细菌和纤毛虫，有利于菌体蛋白和虫体蛋白的消化吸收；进入小肠，促进胆汁和胰液的分泌，并有助于铁、钙等矿物质的吸收。

胃蛋白酶原在盐酸作用下致活为胃蛋白酶，把蛋白质初步分解为蛋白䏡和蛋白胨片断，为进入小肠继续分解做准备。凝乳酶主要存在于哺乳期犊牛的胃中，它能使乳汁凝固，延长乳汁在胃内停留的时间，以利于充分消化。随着转为食草为主，凝乳酶逐渐减少以至于消失。

胃液的分泌除受神经和体液因素的影响外，还与饲料特征、饲养管理制度有关，具有明显的适应性和习惯性。因此，饲料或饲养管理的突然改变，会引起胃液分泌机能的紊乱，影响生长。

（2）皱胃的运动。皱胃主要通过胃壁肌肉的收缩与舒张交替进行产生蠕动，蠕动波从胃贲门开始沿胃底部朝向幽门方向呈波浪式推进，尤其在幽门部明显变得强而有力。这种蠕动一方面充分混合胃内容物，另一方面增加胃内的压力和推动食糜不断进入十二指肠。胃内容物通过幽门一次一次地分批进入十二指肠的过程，称为胃排空。胃排空受胃内压力与酸度影响，反射性的作用于幽门括约肌松弛开放打开通路。

5. 猪胃的结构与功能　猪胃只有一个胃室，结构和功能与牛羊的皱胃相似。猪胃容积5～8L，大部分横卧于腹前部的左季肋部与剑状软骨部，前与膈、肝接触，后与大网膜、肠、肠系膜及胰接触。左侧部大而圆，凸曲缘称为胃大弯。在近贲门处有一盲突，称为胃憩室。猪胃贲门与幽门距离较近，两门之间的凹曲缘部称为胃小弯（图2-26）。胃在小弯处以小网膜与肝相联系，在大弯处以大网膜与横结肠和脾等相联系。大网膜发达，浅、深两层间形成网膜囊。其网膜含丰富的脂肪而呈网格状。

> **小贴士**
>
> 皱胃或猪胃的幽门窦处相当于一个"磨"，有把食物磨细的作用。如果食物中有硬块的东西就会增加胃黏膜的损伤，所以饲料要尽量加工成小块。

（五）小肠的结构与功能

1. 小肠的形态与结构　小肠细长而弯曲，是进行食物消化和吸收的主要部位，前端起自胃的幽门口，后以回盲口接通大肠。牛的小肠长度27～49m，羊的17～34m，猪的15～20m。小肠管壁由黏膜层、黏膜下层、肌层和浆膜4层构成。其中，黏膜表面形成大量细小突起，称为小肠绒毛（图2-29），黏膜内分布有丰富的小肠腺，能分泌小肠液。在十二指肠的黏膜下层中分布有十二指肠腺，能分泌碱性黏液，保护肠黏膜。

小肠可分为十二指肠、空肠和回肠三部分（图2-30）。

（1）十二指肠。牛的十二指肠长约1m，位于右季肋部和腰部。从胃的幽门起始后，向前上方伸延，在肝的脏面形成乙状弯曲。然后再向后上方伸延，到髋结节前方折转向左并向前形成一后曲。由此继续向前伸延，至右肾腹侧，移行为空肠。在十二指肠后曲上，有胆管和胰管的开口。

猪的十二指肠长0.4～0.9m，位于腹腔背侧右季肋部和腰部，肠系膜短，位置较固定。起自胃的幽门形成乙状弯曲后接空肠，后段有胆管、胰管的开口。

（2）空肠。牛的空肠绕成无数肠圈悬挂于结肠圆盘周围，空肠系膜较短，形似花环状。其外侧和腹侧隔着大网膜与右侧腹壁相邻，背侧为大肠，前方为瓣胃和皱胃，内侧隔着大网膜与瘤胃腹囊相邻。

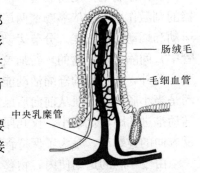

图2-29　肠绒毛结构

猪的空肠也形成许多肠圈，以较长而宽的空肠系膜与总肠系膜相连，围绕于结肠圆锥的外围。空肠游离性强，大部分位于腹腔的右半部，在结肠圆锥与肝、胃之间，与右髂部腹壁和腹底壁后部相接触。

（3）回肠。牛的回肠短而直，长约50cm，以回盲口与盲肠相通。回肠与盲肠之间有回盲韧带相连。

猪的回肠也短而直，以回肠口开口于盲肠与结肠交界处，末端斜向突入盲肠腔内，形成发达的回肠乳头。

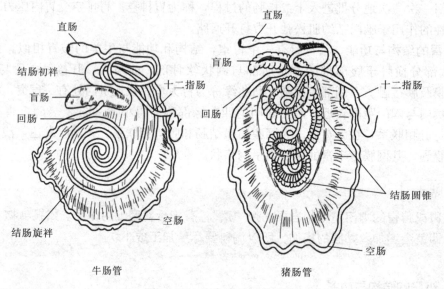

图2-30 牛与猪的肠管形态

2. 小肠的功能 小肠的长度及黏膜的特殊结构，使小肠具有广大的消化吸收面积。经胃消化后的食糜进入小肠后，经过小肠的机械性运动以及胰液、胆汁、小肠液的化学性消化，绝大部分营养物质得以充分消化分解并被吸收入血。因此，小肠在整个消化吸收过程中占有极其重要的地位。

小肠内的消化液

（1）小肠的运动与肠音。小肠运动是在植物神经及食糜对小肠壁感受器的刺激作用下，依靠肠壁两层平滑肌的协调配合发生节律性的舒缩来实现的，主要有分节运动和蠕动两种形式。分节运动是以环行肌为主的节律性收缩和舒张运动，即食糜所在的肠管中，间隔一定距离的环行肌交替进行收缩和舒张，使食糜与消化液充分混合并紧贴肠黏膜。此外，环行肌的舒缩活动能挤压肠壁，有助于血液与淋巴液的回流，便于消化吸收；蠕动是当小肠的环行肌从前向后顺次收缩和舒张，使食糜向大肠方向移动（图2-31）。一次蠕动推进的距离比较小，仅几厘米，但肠管蠕动保持一次接一次的连续进行。有时还出现相反方向的逆蠕动，是为了保持食糜在小肠内的停留时间，防止过快进入大肠而影响吸收。

由于小肠的运动使内容物移动会发出类似流水样的咕噜咕噜声音，称为肠音，特别是猪小肠内容物比较稀薄，肠音更明显。在体表投影部位用听诊器可以清晰听到。

（2）胰液。胰液是从胰外分泌部腺泡分泌出来的无色透明的碱性液体，pH为7.8~8.4，由水、消化酶和少量无机盐组成。胰液中的消化酶包括胰蛋白分解酶、胰脂肪酶和胰淀粉酶等，它们需要致活才具有活性。

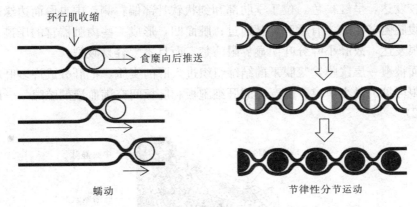

图 2-31 小肠的蠕动与节律性分节运动

胰蛋白分解酶：主要包括胰蛋白酶、糜蛋白酶和羧肽酶。胰蛋白酶原经肠激酶致活，糜蛋白酶原和羧肽酶原都由胰蛋白酶致活。胰蛋白酶和糜蛋白酶共同作用，把蛋白质分解为多肽链，而羧肽酶则把多肽分解为氨基酸。

胰脂肪酶：胰脂肪酶在胆酸盐的作用下被致活，能将脂肪分解为脂肪酸和甘油，是小肠内消化脂肪的主要酶类。

胰淀粉酶：胰淀粉酶在氯离子和其他无机盐离子的作用下被致活，可将淀粉和糖原分解为麦芽糖。胰液中还有一部分麦芽糖酶、蔗糖酶、乳糖酶等双糖酶，能将双糖分解为葡萄糖。

（3）胆汁。胆汁是由肝细胞分泌的具有强烈苦味的碱性液体，呈暗绿色。胆汁被分泌出来后经肝管先贮存于胆囊中，需要时胆囊收缩，将胆汁经胆总管排入十二指肠。胆汁中起消化作用的是胆酸盐。胆酸盐可以激活胰脂肪酶原，增强胰脂肪酶的活性；降低脂肪滴的表面张力，将脂肪乳化为细小微粒，增大与脂肪酶的接触面积利于消化；与脂肪酸结合成水溶性复合物，促进脂肪酸的吸收；促进脂溶性维生素（维生素 A、维生素 D、维生素 E、维生素 K）的吸收。

（4）小肠液。小肠液是小肠黏膜内各种腺体的混合分泌物。一般呈无色或灰黄色，呈弱碱性。除含有大量水外，还含有多种消化酶，如肠激酶、肠肽酶、肠脂肪酶和双糖分解酶（包括蔗糖酶、麦芽糖酶和乳糖酶）。这些酶主要是对前部消化器官初步分解过的营养物质进行彻底的消化。如肠肽酶能把多肽分解为氨基酸，肠脂肪酶能把脂肪分解为甘油和脂肪酸，肠双糖分解酶能将双糖分解为葡萄糖。

（六）肝的结构与功能

1. 肝的形态、位置及结构 肝是体内最大的腺体，棕红色或棕黄色，质脆，呈不规则形状位于膈后。前面稍隆凸称为膈面，有后腔静脉通过；后面凹陷，称为脏面。脏面中央有肝门，门静脉、肝动脉、肝神经由此入肝，而肝管、淋巴管由此出肝。肝门下方有胆囊（马属动物无），贮存和浓缩胆汁。肝的背缘钝厚，有食管切迹，是食管通过的地方；腹缘薄锐，有较深的切迹，一般以胆囊和圆韧带为标志把肝分成左、中、右三大叶。中叶又以肝门为界，分为背侧尾叶和腹侧方叶。各大叶的输出管合并在一起成为肝总管。肝总管在肝门处与胆囊管汇合，形成胆管，开口于十二指肠。

牛肝略呈长方形，较厚实，位于右季肋部，紧贴膈。分叶不太明显，可分为四叶。

猪肝比较发达，呈红褐色，位于季肋部和剑状软骨部偏右侧，中央厚而边缘薄。肝膈面隆凸与膈及腹腔侧壁相贴，有后腔静脉通过；脏面凹，形成一些内脏器官的压迹。猪肝小叶间结缔组织很发达，故肝小叶分叶明显界限清楚，而且不太容易破裂。

肝的表面被覆一层浆膜，浆膜下的结缔组织进入肝的实质，把肝分成许多肝小叶。肝小叶是肝中肉眼可见的最小单位，由弯曲的肝细胞板和肝板间充满血液的腔隙——肝窦状隙构成（图2-32）。

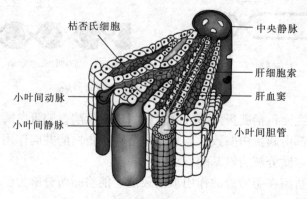

图2-32 肝小叶切面

板内肝细胞之间夹有胆小管，胆小管交织成网，在肝小叶边缘汇集成小叶间胆管。小叶间胆管最终在肝门处形成肝总管，肝总管在肝门处出肝，与胆囊管汇合成胆管，开口于十二指肠。

肝小叶（低倍）

2. 肝内的血液运行通路 在肝门处有门静脉和肝动脉入肝，在肝背侧缘发出数只肝静脉进入后腔静脉。

肝动脉：是腹腔动脉的分支，给肝供应营养，是肝的营养血管。

门静脉：由脾静脉、肠系膜前静脉和肠系膜后静脉汇合而成，这三支静脉将腹腔中所有非成对器官（胃、肠、脾、胰）的静脉血液汇集，经肝门运输到肝内。

肝的血液运行途径如下：

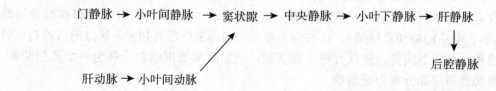

3. 肝的生理功能 肝除了分泌胆汁参与消化，还是体内重要物质代谢中心，体内很多代谢过程只有在肝内才能完成。此外肝还有解毒、排泄、防御、造血等功能。

肝作为体内的最大腺体，肝细胞分泌的胆汁有平衡食糜中的胃酸，维持小肠内酸碱度和乳化脂肪的作用。

肝能进行蛋白质、脂肪和糖的分解、合成、转化与贮存，且能贮存维生素A、维生素D、维生素E、维生素K及大部分B族维生素。

经肠道吸收或其他途径进入机体血液的毒物（或药物）以及代谢过程产生的有毒有害物质，在肝内通过转化和结合方式可变成无毒或毒性小的物质，如把氨基酸代谢脱出的氨变成尿素，通过肾排出体外。

窦状隙内壁上的枯否氏细胞，具有强大的吞噬作用，能吞噬进入窦状隙的细菌、异物及衰老的红细胞。

肝在胚胎时期可制造血细胞。成年动物的肝则只形成血浆内的一些重要成分，如清蛋白、球蛋白、纤维蛋白原、凝血酶原和肝素等。

（七）胰的结构与功能

胰的形态、位置及结构　牛的胰呈不规则的四边形，灰黄色稍带粉红，位于十二指肠弯曲中，质地柔软，有一条胰管直通十二指肠。羊的胰管与胆管末端合入十二指肠。猪的胰近似三角形，位于十二指肠前部和胃小弯附近，胰管开口于十二指肠（图2-33、图2-34）。

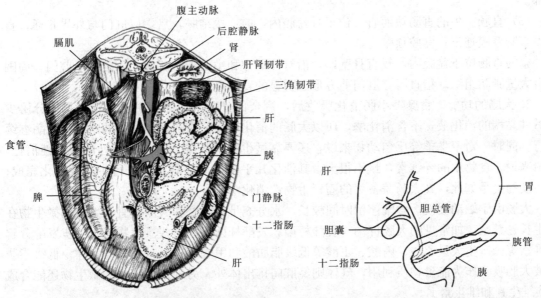

图2-33　肝、脾、胰在腹前部的位置关系　　图2-34　胆汁、胰液的排放途径

胰的外面包有一薄层结缔组织被膜，结缔组织伸入腺体实质，将实质分为许多小叶。胰的实质可分为外分泌部和内分泌部。

（1）外分泌部。由腺泡和导管组成，占腺体绝大部分。这些腺管和腺泡能合成并分泌胰蛋白酶、胰脂肪酶和胰淀粉酶等消化酶以及碱性黏液。牛一昼夜可分泌6～7L胰液，经胰管注入十二指肠，胰液能中和食糜中的胃酸，参与蛋白质、脂肪、糖类等多种物质的消化分解。

（2）内分泌部。内分泌部是存在于胰腺腺管和腺泡之间的一些特殊的细胞群，这些细胞群称为胰岛。胰岛细胞分泌胰岛素和胰高血糖素，经毛细血管直接进入血液，有调节血糖平衡，如果动物胰岛素缺乏就会导致糖尿病。

（八）大肠的结构与功能

1. 大肠的形态、位置与结构　大肠包括盲肠、结肠和直肠三段，前接回肠，后通肛门。牛的大肠长6.4～10m，猪的长4～4.5m（图2-30）。大肠的组织结构与小肠基本相似，但肠腔宽大，黏膜表面平滑，无肠绒毛。黏膜内有排列整齐的大肠腺，但大肠腺的分泌物中不含消化酶。

（1）盲肠。牛的盲肠短粗呈直筒状，位于右髂部。盲肠起自回盲口，盲端向后伸达骨盆前口（羊的可伸入到骨盆腔内），呈游离状态，可以移动。

猪的盲肠呈圆锥状，位置较特殊，一般位于左髂部，自左肾后端向后向下延伸，盲端达骨盆前口的腹腔底壁。且有3条纵肌带和3列肠袋。

（2）结肠。牛结肠的可分为初（近）袢、旋袢、终（远）袢三段。初袢为结肠前段，呈乙状弯曲，大部分位于右髂部；旋袢为结肠中段，较长，盘曲成平面的圆盘状，称结肠圆盘，位于瘤胃的右侧；终袢是结肠的末段，向后伸达骨盆前口，移行为直肠。

猪的结肠起始部与盲肠相似，此后逐渐变细。结肠分为前部的旋袢和后部的终袢。旋袢最长，呈螺旋状卷曲成结肠圆锥。圆锥的底朝向背侧，附着于腰部和左髂部；圆锥的顶伸向脐部。

（3）直肠。牛的直肠短而直，位于骨盆腔内，前连接结肠，后端以肛门与外界相通。直肠以直肠系膜连于骨盆腔顶壁。

猪的直肠位于盆腔内，较直且壁厚，沿脊柱下方和生殖器官背侧向后延伸至肛门，周围常有大量脂肪组织。猪直肠在肛门前方形成明显的直肠壶腹。

2. 大肠的功能　食糜经小肠消化吸收后，剩余部分进入大肠。由于大肠腺只能分泌少量碱性黏稠的消化液，不含消化酶，所以大肠的消化还要依靠随食糜而来的小肠消化酶继续进行。同时，对于牛羊等反刍动物来说，还要靠微生物对纤维素进行补充性的生物性消化；对猪来说，食物中的纤维素含量不很大，其消化几乎全在大肠靠细菌进行生物性消化完成；马属动物更是如此，其大肠兼备牛的瘤胃生物性消化功能。

大肠由于蠕动缓慢，食糜停留时间较长，水分充足，温度和酸度适宜，大量的微生物在此生长、繁殖，如常见的大肠杆菌、乳酸杆菌、发酵杆菌等。这些微生物能进一步发酵分解纤维素等，产生大量乙酸、丙酸、丁酸等低级脂肪酸和甲烷、氢气、氮气等气体。低级脂肪酸被大肠吸收作为能量物质利用，气体则经肛门排出体外。另外，大肠内的微生物还能合成B族维生素和维生素K。

大肠内还含有能使蛋白质腐败的腐败菌，产生对机体有毒性的胺类与酚类等物质。因此，如果饲喂过多蛋白饲料在小肠内消化不彻底进入大肠后，便会发生腐败现象，严重时引起疾病。所以，需要加强科学的饲养管理与饲料合理配制，预防疾病增进健康。

（九）肛门

肛门是消化管的末端开口，外为皮肤，内为黏膜。黏膜衬以复层扁平上皮。皮肤与黏膜之间有平滑肌形成的内括约肌和横纹肌形成的外括约肌，控制肛门的开闭。

> **小贴士**
>
> 瘤胃是微生物发酵的场所，保证瘤胃内环境的稳定对于微生物的发酵作用非常重要。目前在反刍动物饲养中广泛采用微生态制剂的添加，目的就是改善发酵环境，保证微生物的正常活动。

（十）消化道各部的吸收作用

饲料经过消化后分解为简单物质，这些简单物质以及矿物质和水分通过消化道黏膜上皮进入血液和淋巴的过程称为吸收。

1. 吸收部位 消化道的不同部位，对营养物质的吸收程度是不同的。食物在口腔和食管中停留时间短，基本不吸收；前胃可吸收大量的挥发性脂肪酸（VFA）、二氧化碳、水及无机盐离子；牛的皱胃和猪胃可吸收少量的水和葡萄糖及醇类。小肠是吸收营养物质的主要部位，因为在各段消化管中，小肠长度最长、表面积最大；食物在小肠内停留的时间足够持久，再加上肠管运动形式的多样性使食糜与肠壁反复持续的触碰；小肠液中具有丰富多样的消化酶，食物消化充分。

2. 各种营养物质的吸收

（1）糖的吸收。可溶性糖（主要是淀粉）在胰淀粉酶和肠双糖分解酶的作用下，分解为单糖（葡萄糖、果糖、半乳糖）被吸收。纤维素在微生物的作用下，分解成挥发性脂肪酸被吸收。单糖和挥发性脂肪酸被吸收后进入毛细血管，经肠系膜静脉血管汇集成门静脉，然后进入肝。

（2）蛋白质的吸收。蛋白质在胃蛋白酶、胰蛋白酶、羧肽酶和肠肽酶的作用下，最后分解为各种氨基酸。氨基酸被肠黏膜吸收入静脉血，同样进入肠系膜静脉血管汇集成门静脉入肝。

（3）脂肪的吸收。脂肪在胃脂肪酶、胰脂肪酶和肠脂肪酶的作用下，分解为甘油和脂肪酸。甘油和脂肪酸被吸收进入肠黏膜上皮细胞后，少部分直接进入血液，经门静脉入肝；大部分在细胞内重新合成中性脂肪，经肠绒毛中的中央乳糜管进入淋巴液通路，再经胸导管进入血液循环。

（4）水和盐的吸收。水的吸收主要在小肠（约占80%），少部分在大肠（约占20%）。盐类主要以溶解状态在小肠被吸收（约占75%）。不同的盐被吸收的难易程度不相同。氯化钠、氯化钾最易被吸收，其次是氯化钙和氯化镁，最难吸收的是磷酸盐和硫酸盐。

（十一）粪便的形成和排出

食糜经过消化吸收后，残余部分被慢慢地推入大肠后段，此处水分被吸收而肠壁的分泌液却迅速减少，因而逐渐浓缩形成粪便进入直肠。不同种类的动物粪便在大肠后段形成过程不太一样，因此排出肛门时形状不同，牛粪落地呈叠饼状，羊粪呈球状，猪粪呈圆柱状。观察粪便排出形态变化，如过分干燥或稀溏，可以帮助了解消化机能是否正常。

排粪是一种复杂的反射活动。当直肠粪便不多时，肛门括约肌处于收缩状态，粪便停留在直肠内。当粪便积聚到一定数量时，引起肠壁压力感受器兴奋，经传入神经（盆神经）传到腰荐部脊髓的低级排粪中枢，并由此继续上传至中枢大脑皮层产生便意。然后从高级中枢发出神经冲动到低级排粪中枢，并继续沿盆神经传到大肠后段，引起肛门内括约肌舒张，直肠壁肌肉收缩，同时腹肌也收缩以增大腹压进行排粪。因此，腰荐部脊髓和脑部损伤，会导致排粪失禁或不主动排粪。

【实验实习与技能训练】

一、牛（羊）消化器官形态、构造的观察识别

（一）目的要求

通过观察牛、羊消化器官的形态和位置，加深形象记忆，并能够正确识别各消化器官的

特征，为理解消化机理打好基础。

（二）材料及设备
牛消化器官标本、羊的新鲜尸体、牛消化系统解剖视频资料。

（三）方法步骤
观看牛消化系统解剖录像，再观察消化器官标本，宰杀活羊进行尸体解剖，重点认识口腔、食管、瘤胃、网胃、瓣胃、皱胃、小肠、大肠、肝、胰的形态、结构和位置。

（四）技能考核
在牛的标本或羊新鲜尸体上表述口腔、食管、瘤胃、网胃、瓣胃、皱胃、小肠、大肠、肝、胰的形态、结构和位置，阐述结构与相应机能的关系。

（五）作业
写出实习报告，画出消化系统器官顺序略图。

二、胃、小肠与肝的组织构造观察

（一）目的要求
镜下观察单胃、小肠和肝的组织构造，认识胃小凹、肠绒毛、肝小叶的特征。

（二）材料及设备
显微镜，单胃、空肠、肝的组织切片。

（三）方法步骤
在教师的指导下，观察单胃、小肠和肝的组织构造，先低倍镜观察，后高倍镜观察。

1. 单胃的组织构造　先用低倍镜观察胃壁的四层结构和胃小凹，再换高倍镜观察黏膜上皮和胃腺细胞。

2. 小肠的组织构造　先用低倍镜观察小肠壁的四层结构和肠绒毛，再换高倍镜（油）观察黏膜上皮、肠腺和肠绒毛的细微构造。

3. 肝的组织构造　先用低倍镜观察肝小叶的形态、结构，再换高倍镜观察中央静脉、肝细胞索、血窦、小叶间静脉和枯否氏细胞等。

（四）技能考核
在显微镜下识别并指出胃、肠的四层结构特点，指认肝小叶的构造特点，并能叙述其在消化过程中的生理机能。

（五）作业
写出实习报告，画出胃、肠、肝典型结构模式图。

三、牛胃、肠体表投影区确认及瘤胃蠕动观察

（一）目的要求
通过实习，明确瘤胃、网胃、瓣胃、皱胃、小肠在牛体表的投影区，并观察瘤胃蠕动及听取蠕动音。

（二）材料及设备
动物牛、六柱栏、保定器械、听诊器。

（三）方法步骤
（1）将牛在六柱栏内保定。

(2) 在教师的指导下，结合已讲过的知识，分别从牛的体表左右侧划出瘤胃、网胃、瓣胃、皱胃、小肠的体表投影位置。

(3) 在左侧观察瘤胃蠕动并用听诊器听取其蠕动音。在右侧用听诊器听取小肠的蠕动音。

(4) 给牛解除保定，让牛卧倒后保持一段时间安静，试观察嗳气动作，或者反刍动作。

(四) 技能考核

在牛体表上，指出并叙述瘤胃、网胃、瓣胃、皱胃、小肠的体表投影，并能正确听取瘤胃与小肠的蠕动音。

(五) 作业

写出实习报告，画出胃、肠体表投影区示意图。

四、小肠运动观察与吸收实验

(一) 目的要求

观察小肠正常运动状态及药物刺激后的变化，加深理解生理意义；通过吸收实验，理解小肠对不同物质的选择性吸收特性。

(二) 材料及设备

家兔及手术台，小动物手术器械，小注射器，乙醚，麻醉口罩，纱布，脱脂棉，缝合线，生理盐水、注射用水、10%葡萄糖、10%盐水、25%硫酸镁各20 mL，0.01%盐酸肾上腺素，0.01%乙酰胆碱。

(三) 方法步骤

(1) 将家兔固定，用乙醚麻醉确实后，从腹中线处剖开腹腔，充分暴露出小肠管。

(2) 观察小肠管收缩蠕动形式，做好记录。

(3) 取0.01%乙酰胆碱几滴滴加在缓慢收缩的小肠管上，密切关注小肠管的运动变化，做记录。稍后，用温生理盐水冲洗运动变化的肠管。再取0.01%盐酸肾上腺素几滴滴加在冲洗后的肠管部位，再次观察肠管的运动变化，做记录。

(4) 取另一长段空肠用线结扎成5段，每段长5cm左右，在各段肠管中依次注入等量（约1.5mL）的生理盐水、注射用水、10%葡萄糖、10%盐水、25%硫酸镁溶液。在15min后观察各段肠管体积变化，据此判断吸收情况，进行比较、分析，并做好记录。

(四) 作业

填写实验报告，记录实验结果，并对观察到的变化现象利用学习过的有关知识加以说明解释。

【复习思考题】

1. 牛的唾液有什么特点？对消化有什么意义？
2. 为什么胃酸不足会引起消化不良？
3. 为什么在饲养过程中牛和猪的饲料搭配具有明显的不同？
4. 牛的瘤胃内微生物的大量生存繁殖有什么主要生理意义？
5. 叙述三大营养物质在猪的消化管中是如何进行消化和吸收的。

课题4 牛（羊、猪）呼吸系统

> **课题导航**
>
> 通过学习本课题，知道呼吸系统的器官构成，知道鼻腔的结构、肺的位置及其组织结构，知道胸膜腔的构造和胸内负压的生理意义，理解气体交换的原理及气体在血液中的运输过程。

畜禽在生命活动过程中需要不断与环境进行气体交换，获得氧气并排出二氧化碳，这个气体交换的过程称为呼吸。呼吸主要靠呼吸系统来完成。

一、呼吸器官的结构与功能

呼吸系统由鼻腔、咽、喉、气管、支气管和肺组成，其中鼻腔、咽、喉、气管、支气管是气体出入肺的通道，称为呼吸道。肺是呼吸的核心器官，是进行气体交换的场所。

（一）鼻腔

鼻腔既是呼吸时气体出入的通道，也是嗅觉器官。鼻腔可以对吸入的气体进行过滤，加温、加湿，同时产生嗅觉。整个鼻腔被鼻中隔分为左、右两个腔，每侧鼻腔又分为下面三部分。

1. 鼻孔 鼻孔是鼻腔的入口，由内外侧鼻翼围成。牛的鼻翼厚实而不灵活，鼻孔与上唇间形成鼻唇镜。羊的两鼻翼间形成鼻镜。猪的鼻孔较小，位于吻突平面上。

2. 鼻前庭 鼻前庭为鼻腔前部衬有皮肤的部分，相当于鼻翼所围成的空间。前庭区的皮肤由面部皮肤折转而来，长有鼻毛，可滤过空气。

3. 固有鼻腔 固有鼻腔位于鼻前庭之后，覆盖黏膜。每侧鼻腔被上、下鼻甲骨分为上、中、下3个鼻道。上鼻道较窄，后端为嗅区；中鼻道通鼻旁窦；下鼻道宽大，位于下鼻甲与鼻腔底壁之间，经鼻后孔通咽部，是气体进出的主要通道。鼻中隔两侧与鼻甲骨之间的腔隙称为总鼻道（图2-35）。

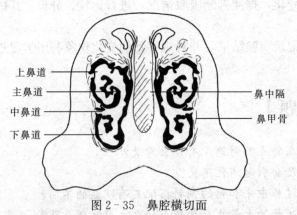

图2-35 鼻腔横切面

固有鼻腔内表面黏膜呈粉红色，黏膜内含有丰富的血管和腺体，可净化、湿润和温暖吸入的空气。嗅区位于鼻腔后上部,黏膜内大量的嗅觉细胞,具有嗅觉功能。

另外,在鼻腔周围的头骨内含气的空腔称为鼻旁窦,如额窦和上颌窦。鼻旁窦经狭窄的裂隙与鼻腔相通,窦黏膜与鼻黏膜相连。其中,牛的额窦较大,与角突的腔相通。旁鼻窦有减轻头骨重量、温暖和湿润空气及共鸣作用。

> **小贴士**
>
> 猪发生传染性萎缩性鼻炎时,鼻甲骨萎缩,外观鼻和面变形,鼻腔小,鼻短缩,鼻歪向一侧。内部看鼻甲骨卷曲萎缩、鼻中隔弯曲。常在两侧第一、二对前臼齿间的连线上,将鼻腔横断锯开,或者沿鼻梁正中线锯开,再剪断下鼻甲骨的侧连接,观察鼻甲骨的形状变化。这是比较可靠的诊断检疫方法之一。

(二)咽

见课题3牛(羊、猪)消化系统。

(三)喉

喉是呼吸通道,也是发音器官。喉位于下颌间隙的后方,头颈交界的腹侧。前方通咽和鼻腔,后接气管,由喉软骨、喉肌和喉黏膜构成。

1. 喉软骨 喉软骨包括环状软骨、甲状软骨、会厌软骨和一对杓状软骨,它们构成喉的支架。会厌软骨与杓状软骨位于喉前部,共同围成喉口并与咽相通(图2-36)。喉口与背侧的食管口相邻。会厌软骨表面被覆黏膜,前端游离且向舌根翻转,当有吞咽动作时可盖住喉口,防止食物进入喉和气管。

2. 喉肌 喉肌为横纹肌,附着于喉软骨的外侧,收缩时可改变喉的形状,引起吞咽、呼吸及发音等活动。

3. 喉黏膜 喉的内腔称为喉腔,喉腔内表面衬以黏膜。喉腔中部侧壁的黏膜形成一对皱褶,称为声带。两侧声带间的狭隙称为声门裂,气流通过时振动声带便可发声。喉黏膜有丰富的感觉神经末梢,受到刺激时会引起咳嗽,将异物咳出。

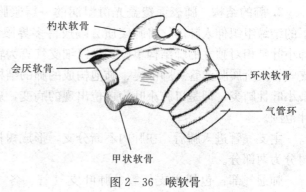

图2-36 喉软骨

牛的声带较短,声门裂宽大,故发声低沉;猪的声带较长,声门裂较窄,故发声尖锐响亮。

(四)气管和支气管

喉的后端连接气管,气管位于颈部腹侧,进入胸腔后分为左右两个主支气管。牛、羊、猪在分支出右主支气管前分出一只独立的右尖叶支气管进入右肺前叶。气管壁与支气管壁的结构大致相似,内衬黏膜,整段气管黏膜中均含有黏液腺,能分泌黏液,外膜为结缔组织,将气管固定于毗邻器官,其中含有C形软骨,起支撑作用,缺口由富含平滑肌的弹性纤维膜相连。

(五)肺

1. 肺的位置与形态 肺分为左肺和右肺,位于纵隔两侧的左右胸腔内,通常右肺大于左肺。健康的肺呈粉红色,海绵状,质地轻而柔软,富有弹性。

肺与胸侧壁相邻的面称为肋面；与胸腔纵隔相邻的面称为纵隔面；与膈相邻的面称为膈面。肋面与纵隔面在背侧相连处为背侧缘，在腹侧相连处为腹侧缘；肋面与膈面相连处为底缘。腹侧缘有明显的心切迹。膈面有支气管、肺血管、淋巴管和神经出入肺的区域，称为肺门。

牛和猪的肺分叶都比较明显。左肺分三叶，由前向后依次分为尖叶、心叶和膈叶；右肺分四叶，由前向后依次为尖叶、心叶、膈叶和内侧的副叶。其中牛的右尖叶又可分为前、后两部分，并与右尖叶支气管相连（图2-37）。

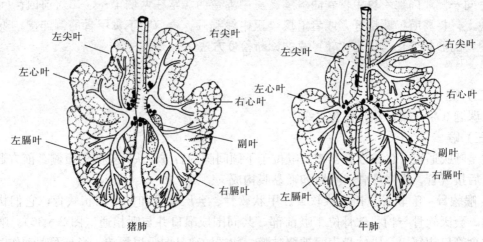

图2-37 肺的分叶及支气管树

2. 肺的结构 肺表面覆盖光滑湿润的一层浆膜，称为胸膜脏层。胸膜下的结缔组织伸入肺内，将肺实质分隔成许多界限清晰肉眼可见的肺小叶。肺小叶是相对独立的肺结构单位，是以细支气管为轴心，由更细的呼吸性细支气管及所属肺泡管、肺泡囊、肺泡构成的肺的结构单位。临床上发生的家畜小叶性肺炎，即是以肺小叶为单位出现的病变，病理变化局限于某些肺小叶范围。

肺—呼吸性细支气管及肺泡管

主支气管进入肺后，在肺内不断分支，形成树枝状，称为支气管树。根据功能，支气管树分为两部分。

肺通气部：包括主支气管、肺叶支气管、各级小支气管和终末细支气管。

肺呼吸部：包括呼吸性细支气管、肺泡管、肺泡囊、肺泡。

肺泡呈半球形，开口于肺泡囊、肺泡管或呼吸性细支气管。肺泡壁很薄，由基膜和内皮构成，是气体交换的场所（图2-38）。在呼吸过程中，肺泡内的气体与肺泡周围的毛细血管中血液内的气体进行交换必须穿过肺泡壁和毛细血管管壁，这两者及其间质称为呼吸膜。

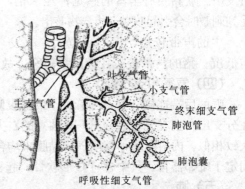

图2-38 肺的通气部及呼吸部

3. 肺内的血管和神经 肺的血管有两种：一是完成外呼吸的功能性血管，从肺动脉进入，肺静脉出来的循环部分；二是供给肺营养的营养性血管，从支气管动脉进入，支气管静脉出来的循环部分。支配肺的神经主要是交感神经和迷走神经。

（六）胸膜和纵隔

1. 胸膜 胸膜是一层浆膜，分为脏层和壁层。脏层紧贴在肺的外表面，又称为肺胸膜。壁层紧贴于胸腔内壁和纵隔，衬贴在肋及肋间肌内面的胸膜壁层为肋胸膜，与膈相邻的胸膜壁层为膈胸膜。胸膜壁层和脏层之间的间隙称为胸膜腔，是一个密闭的腔，充满润滑液，减轻呼吸时肺与胸壁的摩擦。

2. 纵隔 两侧的纵隔胸膜及其之间器官和组织的总称。纵隔内夹有胸腺、心包、心脏、气管、食管和大血管等。纵隔位于胸腔正中，将胸腔分为左、右两个腔室，两个腔室互不相通（图2-39）。

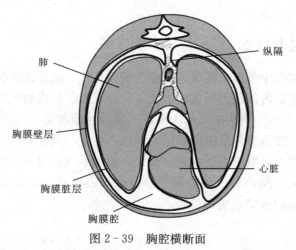

图2-39 胸腔横断面

二、呼吸运动

呼吸运动是指因呼吸肌群的交替舒缩而引起胸腔和肺节律性扩大或缩小的活动。呼吸运动包括呼气运动和吸气运动。

（一）呼吸运动与呼吸式

1. 吸气运动 吸气是一个主动过程，表现为胸廓的扩张或腹部的隆起。肋间外肌和膈肌在神经支配下发生收缩，引起胸腔两侧壁的肋骨向外开张，后壁的膈顶后移和底壁的胸骨下降，胸廓扩大肺也随之发生扩张，肺内气压降低且低于外界气压，体外气体经呼吸道进入肺。

2. 呼气运动 呼气是一个被动过程，当吸气结束时，肋间外肌和膈肌舒张，肋骨、膈顶和胸骨自然回到吸气前的状态，肺的弹性回缩力使肺缩小，肺内气压上升使肺内气体向体外排出，呼气阶段结束后再转为吸气阶段，周而复始。

家畜剧烈运动或不安静时，肋间内肌和腹壁肌也参与呼气，使胸腔和肺缩得更小，肺内压升得更高，于是呼气比平时更快更多，呼气便为主动过程。

3. 呼吸式 呼吸式是指呼吸运动的表现形式。包括胸式呼吸、腹式呼吸和胸腹式呼吸。胸式呼吸仅表现为胸廓的起伏，是以肋间肌为主的呼吸；腹式呼吸仅表现腹部的起伏，是膈肌为主的呼吸；胸腹式呼吸表现为胸廓和腹部均起伏，是肋间肌和膈肌同等程度运动的呼吸。健康动物的正常情况下主要表现为胸腹式呼吸。

（二）呼吸频率与呼吸音

1. 呼吸频率 安静状态下畜禽每分钟呼吸次数为呼吸频率。健康牛的呼吸频率为10～30次/min，羊的呼吸频率为10～20次/min，猪的呼吸频率为15～24次/min。呼吸频率反映了动物机体代谢的状况，当机体代谢增强，对氧需求增加时呼吸频率会加快。

2. 呼吸音 呼吸音是指动物呼吸时气体进出呼吸道产生的声音。用听诊器在胸廓表面和颈部器官附近可以听到肺泡音、支气管音和支气管肺泡音。其中支气管音较大，类似"Ch"的延长音。肺泡音较轻柔，类似"V"的延长音。支气管肺泡音是以上两种的混合音，仅在疾患或支气管音减弱时出现。呼吸音的形成与气流的速度、呼吸道的管径以及呼吸道表面是否光滑有关，如在气管炎时，气管黏膜表面有炎性渗出，管壁充血增厚，呼吸音就会变得粗重或有呼啦呼啦的声音。

三、胸内负压及其意义

胸膜腔内的压力略低于外界大气压，故称为胸内负压。这是因为扩张状态的肺具有一定的弹性回缩力，使胸膜腔内的压力降低便出现了负压现象。胸内负压可用下面的公式表示：

$$胸内负压 = 大气压 - 肺弹性回缩力$$

胸内负压的存在，使胸膜腔浆膜的壁层对脏层产生吸引倾向，因此，当胸腔受呼吸肌群的收缩而扩张时，肺紧贴着胸腔内壁也相应扩张，使外界气体进入肺泡。胸内负压的存在保证了肺的开张状态，同时胸内负压还有利于静脉血和淋巴液向心区回流。对于反刍动物而言，还有利于反刍时胃内容物逆呕到口腔。

> **小贴士**
>
> 如果家畜胸壁穿透伤或肺结核穿孔造成胸膜腔破裂时，胸膜腔内进入气体使得负压消失（称为气胸）。此时，肺收缩塌陷，虽然呼吸运动继续，但肺不能开张，不能进行肺换气。

四、气体交换与气体运输

（一）气体交换

1. 气体交换原理 气体交换发生取决于呼吸膜的通透性及呼吸膜两侧气体的分压差。气体分压指在混合气体中各气体成分占总气压中的压力份额，某种气体的浓度越高，气体分压也越高，反之则越低。如果在呼吸膜两侧存在分压值不相等的某种气体，那么该气体分子将由气体分压高的一侧穿过呼吸膜向分压低的一侧进行扩散。

2. 肺换气（外呼吸） 肺换气是肺泡与肺毛细血管血液之间的气体交换过程。在这里具备了两个条件：一是肺泡壁及与其紧贴的毛细血管壁对气体分子具有通透性，气体分子可以自由通过；二是在呼吸膜两侧存在气体分压差。据测定，在肺泡一侧的氧分压高于毛细血管一侧；在毛细血管一侧的二氧化碳分压高于肺泡一侧。于是，在肺泡与肺泡外毛细血管之间发生了气体分子由分压高侧向分压低侧的扩散，如图2-40所示。

图 2-40 肺换气

肺换气的结果是肺泡壁外毛细血管血液中含氧量增多,二氧化碳释放出去而减少,使静脉血成为含氧丰富的动脉血。

3. 组织换气(内呼吸) 组织换气是血液与组织之间发生的气体交换过程,称为组织换气。这里同样也具备两个条件:一是毛细血管壁很薄,气体分子可以自由通过;二是由于组织细胞的代谢不断消耗氧,产生二氧化碳,因而组织液中氧分压低于毛细血管血液,而二氧化碳分压高于毛细血管血液,在毛细血管壁两侧及细胞膜两侧存在气体分压差(图2-41)。

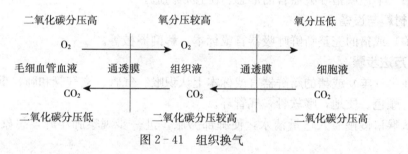

图 2-41 组织换气

组织换气的结果是氧气从毛细血管血液进入组织液,组织中的二氧化碳进入血液。最终血液氧含量减少,二氧化碳含量增多,动脉血转变为静脉血。

(二)气体的运输

肺换气得到的氧气要运送到全身各处,而全身各处组织代谢产生的二氧化碳需要从组织细胞运送到肺。氧气和二氧化碳在血液中溶解度较小,主要是通过形成化合物的形式来运输的。

1. 氧的运输 氧进入血液后,通过与血红蛋白(Hb)结合成氧合血红蛋白(HbO_2)的形式来运输。红细胞中30%的成分是血红蛋白,血红蛋白在氧分压高时很容易与 O_2 结合成 HbO_2,含氧丰富的动脉血呈鲜红色。在组织毛细血管中,氧分压降低,O_2 与 Hb 分离并扩散到组织中,此时血液含氧减少变成暗红色的静脉血。

$$Hb+O_2 \xrightarrow[\text{肺}]{\text{氧分压高}} HbO_2 \xrightarrow[\text{组织}]{\text{氧分压低}} Hb+O_2$$

2. 二氧化碳的运输 二氧化碳在血液中以两种化合物的形式来运输。

(1)约有20%的 CO_2 与血红蛋白(Hb)结合成氨基甲酸血红蛋白(HbNHCOOH),结合程度与二氧化碳分压的变化有关,因而也是可逆的。在组织毛细血管处,二氧化碳分压高与 Hb 结合成 HbNHCOOH;在肺毛细血管处,二氧化碳分压降低 HbNHCOOH 又分离为 CO_2 与 Hb,释放出的 CO_2 扩散到肺泡被呼出体外。

$$\text{Hb}+\text{CO}_2 \xrightarrow[\text{各组织}]{\text{二氧化碳分压高}} \text{HbNHCOOH} \xrightarrow[\text{肺}]{\text{二氧化碳分压低}} \text{Hb}+\text{CO}_2$$

(2) 有70%以上的二氧化碳以碳酸氢盐的形式运输，CO_2在组织换气后扩散进入血液，形成碳酸氢钠（$NaHCO_3$），在肺部$NaHCO_3$分解，释放出CO_2扩散到肺泡。

从氧和二氧化碳的运输形式可以看出，血红蛋白在运输过程中起着重要的作用，当血红蛋白因中毒而丧失运输氧和二氧化碳的功能时，就会引起机体缺氧。机体发生一氧化碳中毒是由于血红蛋白与一氧化碳优先结合，而且不易分离，使血红蛋白失去运输氧的能力，从而引起机体缺氧。

【实验实习与技能训练】

一、呼吸器官形态构造的识别

（一）目的要求

识别牛（羊）或猪呼吸器官的形态、位置和构造。

（二）材料与设备

牛（羊）或猪的完整新鲜呼吸器官或标本、解剖器械等。

（三）方法步骤

(1) 在牛（羊）或猪的新鲜器官或标本上认识喉、气管、支气管和肺，重点识别肺的形状、分叶、颜色、质地，喉软骨，气管环。

(2) 从喉口慢慢灌入适量清水，使肺部膨胀，进一步观察肺小叶，想象呼吸部的空间构造。

（四）技能考核

在新鲜器官或标本上识别上述结构特征，表述气体进出过程。

（五）作业

填写实习报告，画出肺呼吸通路简图。

二、肺组织构造的镜下观察与识别

（一）目的要求

在显微镜下观察与识别肺的组织构造。

（二）材料及设备

显微镜、动物的肺组织切片。

（三）方法步骤

(1) 教师先利用多媒体向学生讲解肺的组织结构。

(2) 用低倍镜观察肺组织边缘处的被膜层，然后靠近观察形状不规则的大小空泡，即为肺泡，寻找连接肺泡区即为肺泡囊，肺泡管。

(3) 在教师的指导下，用高倍镜寻找小支气管、假复层柱状纤毛上皮等。进一步识别肺泡壁的单层扁平上皮细胞，以及毛细血管的切面。

（四）技能考核

显微镜的操作与使用的熟练程度及识别肺组织特点的准确率。

(五)作业

填写实习报告,画出肺小叶结构示意图。

【复习思考题】

1. 吸入气体中的微细尘埃在呼吸道是如何被清除的?
2. 红细胞中的血红蛋白在气体运输过程中发挥什么作用?
3. 外伤导致的胸膜腔破裂对呼吸有什么影响?

课题 5 牛(羊、猪)泌尿系统

课题导航

通过学习本课题,知道泌尿系统的器官构成,知道肾和膀胱在体内的位置,以及尿的形成原理。

动物在新陈代谢过程中产生的各种代谢产物和多余的水分,必须及时排出体外,才能维持正常的生命活动。这些代谢产物主要由皮肤、呼吸系统、消化系统和泌尿系统排出体外,其中,泌尿系统是机体最主要的排泄途径。

一、泌尿系统的结构与功能

泌尿系统由肾、输尿管、膀胱和尿道构成。其中肾是生成尿的器官,输尿管、膀胱和尿道则分别是输尿、贮尿和排尿的器官。

(一)肾

1. 肾的形态、位置与一般构造

(1)牛肾。牛肾呈红褐色,左、右肾不对称。右肾呈长椭圆形,位于最后肋骨上端至前二至三腰椎横突的腹面。左肾呈厚三棱形,位于第二至第五腰椎横突的腹面,往往随瘤胃充满程度的不同而左右移动。

肾的周围包有脂肪,称为肾脂肪囊,具有保护、固定肾的作用。肾的表面紧贴一层白色坚韧的纤维膜,称为肾包膜。肾包膜在正常情况下很容易剥离。

肾内侧缘中部的凹陷处称为肾门,是肾动脉、肾静脉、输尿管、神经和淋巴管出入的地方。肾门向肾的深部扩大成腔隙,称为肾窦。肾窦内有输尿管的起始部、肾盏、血管、淋巴管和神经等。

牛肾表面有深浅不一的叶间沟,将肾分为16~20个大小不等的肾叶。每个肾叶由皮质和髓质构成。

皮质位于浅层,呈红褐色。髓质位于深部,颜色较浅。髓质由许多呈圆锥形的肾锥体构成。肾锥体的锥底朝向皮质,与皮质相连;锥尖朝向肾窦,呈乳头状,称为肾乳头。肾乳头突入肾窦内,与相应的肾小盏相连。几个肾小盏汇合,形成肾大盏。肾大盏进一步汇合形成两条集收管，接输尿管（图2-42）。肾皮质与肾髓质互相穿插，皮质伸入肾锥体之间的部分称为肾柱，髓质伸入皮质的部分称为髓放线。髓放线之间的皮质称为皮质迷路，皮质迷路是构成皮质的主要部分，内有许多颗粒状小点，为肾小体。每个髓放线及其周围的皮质迷路构成肾小叶，小叶间有小叶间动脉和静脉。

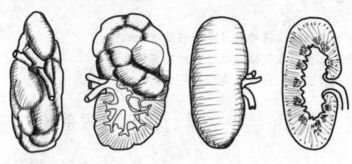

图2-42 牛肾和猪肾（部分剖开）

由于牛肾的表面有叶间沟，髓质部形成许多肾乳头，故牛肾属于有沟多乳头肾。

（2）羊肾。羊肾的位置与牛相似，但在形态结构上有很大差别。羊肾属于平滑单乳头肾，呈豆形，表面平滑，肾乳头合并成一个肾总乳头，与肾盂相接。

（3）猪肾。猪肾的呈长椭圆形，对称分布于前4个腰椎横突的腹侧，为表面光滑的多乳头肾。

2. 肾的组织构造　肾的实质是由肾单位和集合管系组成。

（1）肾单位。肾单位是肾的基本结构和功能单位（图2-43）。每个肾单位都由肾小体和肾小管两部分构成。肾单位按其所在部位的不同，可分为皮质肾单位和近髓肾单位。皮质肾单位主要分布于皮质浅层和中部，数量较多；近髓肾单位分布于靠近髓质的皮质深层。

肾小体：是肾单位的起始部，位于皮质内，呈球形，由血管球和肾小囊两部分组成。肾小体的一侧有血管极，是血管进出血管球的部位；血管极的对侧是尿极，是肾小囊延接近曲小管处。

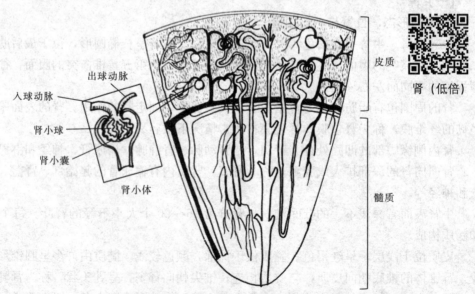

图2-43 肾单位在肾叶内的分布及肾小体结构

血管球是一团毛细血管球,位于肾小囊中。进入肾小体的血管称为入球小动脉,离开肾小球的血管称为出球小动脉。入球小动脉较粗,出球小动脉较细。

肾小球旁器是一群位于肾小体上具有内分泌作用的细胞,包括球旁细胞和致密斑,能分泌肾素等。

肾小囊是肾小管起始部盲端膨大凹陷形成的杯状囊,分为脏层和壁层。脏层与壁层之间的腔隙称为肾小囊腔,与肾小管腔直接连通。

肾小管:是一条细长而弯曲的小管,起始于肾小囊腔,顺次可分为近曲小管、髓袢和远曲小管。

近曲小管是肾小管中长而弯曲的部分,位于肾小体附近。管壁由单层锥体形细胞构成,腔面有刷状缘。

髓袢是从皮质进入髓质,又从髓质返回皮质的U形小管,前接近曲小管,后接远曲小管。髓袢可分为降支和升支,降支较粗,其构造与近曲小管相似;升支较细,管壁由单层扁平上皮细胞构成。

远曲小管位于皮质内,比近曲小管短而且弯曲少,管壁由单层立方上皮构成。其末端汇入集合管。

(2) 集合管系。许多远曲小管末端汇合形成较粗的集合管系,包括弓形集合小管、直集合小管和乳头管。乳头管在肾乳头上开口于肾盏。

3. 肾的血液循环特点 肾动脉直接来自腹主动脉,口径粗、行程短、血流量大;入球小动脉短而粗,出球小动脉长而细,因而肾小球内的血压较高;动脉在肾内两次形成毛细血管网,即血管球和球后毛细血管网。第二次形成的球后毛细血管网血压很低,便于物质的吸收。

(二) 输尿管

输尿管是一条输送尿液到膀胱的细长管道。它起于集收管或肾盂,经肾门出肾,沿腹腔顶壁向后伸延,开口于膀胱颈部。输尿管末端突入膀胱内,这种结构有利于防止尿液倒流。输尿管壁由黏膜、肌层和外膜3层构成。

(三) 膀胱

膀胱是暂时贮存尿液的器官,呈梨形。其前端钝圆称为膀胱顶,中部膨大称为膀胱体,后端狭窄称为膀胱颈。公牛膀胱背侧是直肠,母牛的膀胱背侧是子宫和阴道。

膀胱由黏膜、黏膜下层、肌层和浆膜构成。黏膜上皮为变移上皮,空虚时有许多皱褶。膀胱肌层较厚,在膀胱颈部形成括约肌。

(四) 尿道

公牛的尿道为一细而长的管道,除有排尿功能外,还有排精的功能,故又称为尿生殖道。它起于膀胱颈的尿道内口,开口于阴茎头的尿道外口。母牛尿道比较宽短,开口于尿道前庭前端底壁。在开口处的腹侧面有一凹陷,称为尿道憩室。导尿时切忌将导尿管误插入尿道憩室。

二、泌尿生理

(一) 尿的成分和理化特性

1. 尿的成分 尿是由水、无机物和有机物组成的。水分占96%~97%,无机物和有机物占3%~4%。无机物主要是氯化钠、氯化钾,其次是碳酸盐、硫酸盐和磷酸盐。有机物主要是尿素,其次是尿酸、肌酐、肌酸、氨、尿胆素等。在使用药物时,尿液成分中还会出现药物的残余排泄物。

2. 尿的理化特性 草食动物的尿液一般呈碱性,淡黄色。刚排出的尿为清亮的水样液,如放置时间较长,则因尿中碳酸钙逐渐沉淀而变得混浊。

成年牛每昼夜排尿量为6~8L,羊为1.0~1.5L,猪为2~4L。影响尿量的因素很多,如进食量、饮水量、外界温度、使役及汗液分泌情况等。

> **小贴士**
>
> 尿的性质和组成在一定程度上能反映体内代谢的变化和肾的机能,故在临床实践中,常采用化验尿的办法,进行某些疾病的诊断。

(二) 尿的生成

尿的生成包括两个阶段:一是肾小球的滤过作用,生成原尿;二是肾小管和集合管的重吸收、分泌、排泄作用,生成终尿。

1. 肾小球的滤过作用 血液流经肾小球毛细血管时,除了血细胞和蛋白质外,血浆中的水和其他物质(如葡萄糖、氯化物、无机磷酸盐、尿素和肌酐等)都能通过滤过膜滤过到肾小囊腔内,这种滤出液称为原尿。原尿的生成取决于两个条件:一是肾小球滤过膜的通透性;二是肾小球有效滤过压。

(1) 肾小球滤过膜的通透性。肾小球滤过膜由是肾小球毛细血管的管壁和肾小囊脏层构成的。滤过膜有良好的通透性,水、晶体物质和分子量较小的部分清蛋白均可从血浆滤过到肾小囊腔中。

(2) 有效滤过压。肾小球滤过作用的发生,其动力是滤过膜两侧的压力差。这种压力差称为肾小球的有效滤过压(图2-44)。肾小球的有效滤过压可用下列公式表示:

肾小球有效滤过压=肾小球毛细血管血压-(血浆胶体渗透压+肾小囊内压)

2. 肾小管和集合管的重吸收、分泌、排泄作用 原尿流经肾小管和集合管时,其中的许多物质被重新吸收回血液中,称为重吸收作用。肾小管和集合管的重吸收作用具有一定的选择性。凡是对机体有用的物质,如葡萄糖、氨基酸、钠、氯、钙、重碳酸根等,几乎全部或大部分被重吸收;对机体无用或用处不大的物质,如尿素、尿酸、肌酐、硫酸根、碳酸根等,则只有少许被重吸收或完全不被重吸收。

肾小管和集合管能将血浆或肾小管上皮细胞内形成的物质,如H^+、K^+和NH_4^+等分泌到肾小管管腔中,称为分泌作用。同时也能将某些不易代谢的物质(如尿胆素、肌酸)或由外界进入体内的物质(如药物)排泄到管腔中。

原尿经过肾小管和集合管的重吸收、分泌与排泄作用后形成终尿。终尿由输尿管输送到膀胱贮存。膀胱内的尿液充盈到一定程度时,再反射性地由尿道排出体外。

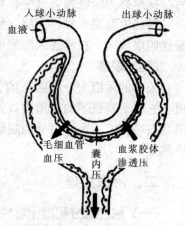

图2-44 有效滤过压的产生

（三）影响尿生成的因素

1. 滤过膜通透性的改变　在正常情况下，滤过膜的通透性比较稳定，但当某种原因使肾小球毛细血管或肾小管上皮受到损害时，会影响滤过膜的通透性。如机体内缺氧或中毒时，肾小球毛细血管壁通透性增加，使原尿生成量增加，同时，会引起血细胞和血浆蛋白滤过，出现血尿或蛋白尿；在发生急性肾小球肾炎时，由于肾小球内皮细胞肿胀，使滤过膜增厚，通透性减少，从而导致原尿生成减少，出现少尿。

2. 有效滤过压的改变　在正常情况下，有效滤过压比较稳定。但当决定尿生成的 3 个因素发生变化时，有效滤过压也随之发生变化，影响尿的生成。如当动物大量失血时，流入肾的血液量减少，肾小球毛细血管的血压下降，有效滤过压降低，从而导致原尿生成量减少，出现少尿或无尿现象；当血浆蛋白含量减少时（如静脉注射大量生理盐水引起单位容积血液中血浆蛋白含量减少），血浆胶体渗透压会降低，有效滤过压增大，原尿生成量增加，出现多尿现象；当输尿管结石或肿瘤压迫肾小管时，尿液流出受阻，肾小囊腔的内压增高，有效滤过压降低，原尿生成量减少，发生少尿或无尿。

3. 原尿溶质浓度过高　当原尿中溶质的量超过肾小管重吸收限度时，会有部分溶质不能被重吸收。这些溶质使原尿的渗透压升高，阻碍水分的重吸收，引起多尿，称为渗透性利尿。如静脉注射大量高渗葡萄糖溶液后会引起多尿。

4. 激素　影响尿生成的激素主要有抗利尿素和醛固酮。

抗利尿激素的作用是增加远曲小管对水的通透性，促进水的重吸收，从而使排尿量减少。在反刍动物，抗利尿激素还能增加 K^+ 排出。血浆渗透压升高、循环血量的减少、创伤及一些药物均能引起抗利尿激素的分泌，减少排尿量。

醛固酮对尿生成的调节是促进远曲小管重吸收 Na^+，同时促进 K^+ 排出，即醛固酮有保 Na^+ 排 K^+ 作用（图 2-45）。

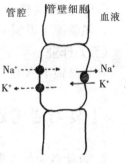

图 2-45　肾小管的保钠排钾作用

> **小贴士**
>
> 肾除了能够产生尿液外，肾小管的重吸收、分泌和排泄作用对调节机体新陈代谢和物质平衡起着至关重要的作用，如在肾功能紊乱时可引起代谢性的酸碱中毒。

【实验实习与技能训练】

一、泌尿器官的识别

（一）目的要求
通过学习，识别牛、羊的肾和膀胱的形态、位置和构造。

（二）材料设备
牛肾模型、牛尸体或肾及膀胱离体标本、解剖器械。

（三）方法步骤
（1）在尸体上识别肾、输尿管、膀胱等器官的位置、形态和构造。

(2) 在新鲜肾或肾标本的横断面上识别肾叶、皮质、髓质、肾乳头、肾小盏等构造。

（四）技能考核

识别肾的形态、构造。

（五）作业

写出牛肾和猪肾的形态、结构并指认相应的新鲜标本。

二、肾组织结构的识别

（一）目的要求

识别肾的组织构造，进一步理解尿的生成过程。

（二）材料及设备

显微镜、牛肾组织切片。

（三）方法步骤

教师先利用多媒体向学生讲解肾的组织构造。学生在显微镜下，识别肾的下列结构：肾小球、肾小囊、肾小囊腔和肾小管。

（四）技能考核

在显微镜下识别牛肾的组织构造。

（五）作业

在显微镜下画出牛肾的组织切片图。

【复习思考题】

1. 为什么动物在中毒时可以用静脉注射高浓度葡萄糖的方法配合治疗？
2. 举出几种增加动物尿量的方法。

课题6 牛（羊、猪）生殖系统

课题导航

通过学习本课题，知道雄性及雌性牛、羊、猪生殖器官的构成；知道睾丸和附睾的形态特征、基本结构，卵巢在体内的位置；知道母牛发情周期的规律及外在表现，牛、羊、猪妊娠期的生理特点和胎膜的构成。

生殖系统的是家畜繁殖后代，保证种族延续的一个系统。它能产生生殖细胞，分泌性激素，并由神经调节和体液调节共同调节生殖器官的功能活动。

一、生殖系统的构造

（一）雄性生殖系统的构造

公畜的生殖器官都是由睾丸、附睾、输精管、尿生殖道、副性腺、阴囊、阴茎和包皮组成（图2-46）。

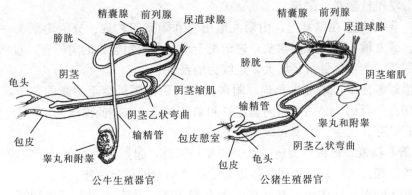

图2-46 公畜生殖器官

1. 睾丸

（1）睾丸的形态位置。睾丸是成对的实质器官，位于阴囊内，呈长椭圆形，一侧与附睾相连，称为附睾缘；另一侧游离，称为游离缘。睾丸分头、体、尾三部分。牛的睾丸呈垂直方向，睾丸头朝向上方，睾丸尾朝向下方（图2-47）。

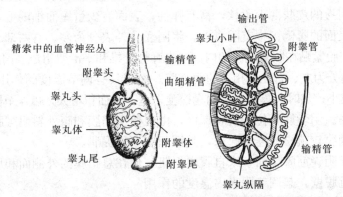

图2-47 睾丸和附睾的形态结构

睾丸在胚胎时期位于腹腔内，当胎儿发育到一定程度，睾丸和附睾经腹股沟管下降至阴囊内，这一过程称为睾丸下降。家畜出生后，如果一侧或两侧睾丸仍留在腹腔内，称为隐睾，这种家畜没有生殖能力，不能作为种用。

（2）睾丸的组织构造。睾丸具有产生精子和分泌雄性激素的功能，其结构包括被膜和实质两部分。

①被膜。被膜由浆膜和白膜构成，浆膜即固有鞘膜，被覆在睾丸的表面，浆膜深面为由致密结缔组织构成的白膜。白膜在睾丸头处伸入到睾丸实质内，形成睾丸纵隔。自睾丸纵隔上分出许多呈放射状排列的结缔组织隔，称为睾丸小梁，将睾丸实质分成100~300个锥形的睾丸小叶。

②实质。实质是睾丸小叶内的部分，由精曲小管、睾丸网和间质细胞构成。

精曲小管：是产生精子的地方，管壁由基膜和多层生殖上皮细胞构成。生殖上皮的生精细胞可以分化成精子进入管腔。

睾丸网：由精曲小管进入睾丸纵隔后互相连通成网状而形成。

间质：是指精曲小管之间的疏松结缔组织，内有一种内分泌细胞，即睾丸间质细胞，在性成熟后能分泌雄性激素（睾酮）。

2. 附睾 附睾附着在睾丸上，由睾丸输出管和附睾管构成，分为附睾头、附睾体和附睾尾三部分。睾丸输出管形成附睾头，进而汇合成一条较粗且长的附睾管，盘曲成附睾体和附睾尾。附睾管在附睾尾处管径增大，延续为输精管。

附睾尾借附睾韧带与睾丸尾相连。附睾韧带由附睾尾延续至阴囊的部分，称为阴囊韧带。去势时切开阴囊后，必须切断阴囊韧带和睾丸系膜，方能摘除睾丸和附睾。

附睾具有贮存、运输、浓缩和成熟精子的功能。

3. 输精管和精索 输精管为运送精子的细长管道，起始于附睾尾，经腹股沟管入腹腔，再向后进入骨盆腔，末端开口于尿生殖道起始部背侧壁的精阜两侧。

精索为扁圆的索状结构，其基部连于睾丸和附睾。精索在睾丸背侧较宽，向上逐渐变细，出腹股沟管内环，沿腹腔后部底壁进入骨盆腔内。精索内有输精管、血管、淋巴管、神经和平滑肌束等，外包以固有鞘膜。去势时要结扎或截断精索。

4. 阴囊 阴囊为一袋状皮肤囊，位于两股之间，具有保护睾丸和附睾的作用。阴囊借助腹股沟管与腹腔相通，相当于腹腔的突出部，其结构与腹壁相似，由皮肤、肉膜、阴囊筋膜、鞘膜构成。

（1）皮肤。阴囊的皮肤薄而柔软，富有弹性，表面有少量短而细的毛，内含丰富的皮脂腺和汗腺。阴囊表面的腹侧正中有阴囊缝，将阴囊从外表分为左、右两部分。

（2）肉膜。肉膜紧贴在阴囊皮肤的内面，由弹性纤维和平滑肌组成。肉膜在阴囊正中形成阴囊中隔，将阴囊分为左、右互不相通的两个腔。肉膜具有调节温度的作用，冷时肉膜收缩，阴囊起皱，面积减小；热时肉膜松弛，阴囊松弛下垂，表面积增大，以调节阴囊内的温度。

（3）阴囊筋膜。阴囊筋膜位于肉膜深面，由腹壁深筋膜和腹外斜肌腱膜延伸而来。阴囊筋膜将肉膜与总鞘膜较疏松地连接起来，其深面有睾外提肌。

睾外提肌位于阴囊筋膜深面，来自腹内斜肌，包在总鞘膜的外侧面和后缘，收缩时可上提睾丸，使其接近腹壁，起调节阴囊内温度的作用。

（4）鞘膜。鞘膜包括总鞘膜和固有鞘膜。总鞘膜为阴囊最内层，由腹膜壁层延续而来。在靠近阴囊中隔处，总鞘膜折转并覆盖于睾丸和附睾上，称为固有鞘膜。折转处所形成的浆膜褶，称为睾丸系膜。总鞘膜与固有鞘膜之间的空隙称为鞘膜腔，内有少量浆液。鞘膜腔上段细窄，形成管状，称为鞘膜管，精索包于其中。鞘膜管通过腹股沟管以鞘膜管口或鞘膜环与腹膜腔相通。当鞘膜管口较大时，小肠可脱入鞘膜管或鞘膜腔内，形成腹股沟疝或阴囊疝，需手术进行恢复。

> **小贴士**
>
> 当腹股沟管松弛或口径过大时可导致肠管进入阴囊，这种现象称为阴囊疝，需手术进行恢复。做这个手术时，要对腹股沟管和阴囊的结构有清楚的认知。

5. 尿生殖道 尿生殖道为尿液和精液共同排出的通道。它起于膀胱颈，沿骨盆腔底壁向后伸延，绕过坐骨弓，再沿阴茎腹侧的尿道沟前行，开口于阴茎头。尿生殖道以坐骨弓为界可分为骨盆部和阴茎部两部分。

6. 副性腺　副性腺包括精囊腺、前列腺和尿道球腺。

（1）精囊腺。精囊腺为成对的腺体，位于膀胱颈背侧。每侧精囊腺的导管与同侧输精管共同开口于精阜。猪的精囊腺十分发达。

（2）前列腺。前列腺分为腺体部和扩散部，腺体部很小，横位于尿生殖道起始部的背侧；扩散部较发达，位于尿生殖道骨盆部黏膜内，外被尿生殖道肌覆盖。输出管分成两列，开口于尿生殖道骨盆部黏膜。羊的前列腺只有扩散部。

前列腺因年龄而有变化，幼龄时较小，到性成熟期增长较大，老龄时又逐渐退化。

（3）尿道球腺。尿道球腺成对存在，位于尿生殖道骨盆部末端，坐骨弓附近，呈球形。每侧腺体各有一条腺管，开口于尿生殖道背侧。腺体开口处有半月状黏膜褶遮盖，此半月状黏膜褶在公牛导尿时会造成一定困难。

7. 阴茎与包皮　阴茎位于腹壁之下，起自坐骨弓，经两股之间，沿中线向前伸延至脐部。阴茎分为阴茎头、阴茎体和阴茎根三部分。牛羊的阴茎呈圆柱状，细而长，阴茎体在阴囊后方形成乙状弯曲；阴茎头长而尖，自左向右扭转。阴茎末端形成尿道突，羊的尿道突细而长，达3~4cm；猪的阴茎头扭曲成螺旋状，在勃起时特别明显。

包皮是由皮肤折转形成的管状鞘，具有容纳、保护阴茎头和配合交配等作用。猪的包皮在前部背侧有一盲囊，称为包皮憩室。

（二）雌性生殖系统的构造

母畜生殖器官由卵巢、输卵管、子宫、阴道、尿生殖前庭和阴门等组成（图2-48、图2-49）。

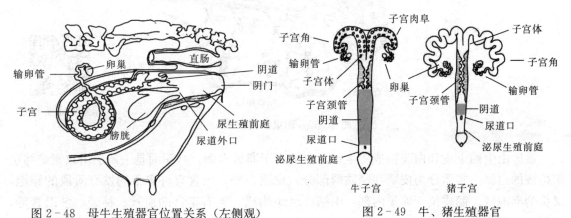

图2-48　母牛生殖器官位置关系（左侧观）　　图2-49　牛、猪生殖器官

1. 卵巢

（1）卵巢的形态位置。卵巢为成对的实质性器官，由卵巢系膜悬吊在腹腔的腰下部，在肾的后下方或骨盆前口两侧。未产母牛的卵巢位置靠后，常在骨盆腔内。经产多次的母牛，卵巢位置前移，位于耻骨前缘的前下方。

牛、羊卵巢呈稍扁的椭圆形，长约3.7cm，宽约2.5cm，母猪卵巢的形状、大小、位置和内部结构，因发育程度和机能状态不同而有明显差异。4月龄以前未性成熟的小母猪，卵巢呈椭圆形，大小约0.4cm×0.5cm，表面平滑，淡红色，多位于荐骨岬两旁腹侧面的稍后方，腰小肌腱附近。接近性成熟时的5~6月龄的小母猪，卵巢表面因有突出的小卵泡而呈桑葚形，大小约2.0cm×1.5cm，位置稍移向前下方，位于髋结节前缘横切面上部。性成熟后和经产的母猪，卵巢长约5cm，位于髋结节前缘约4cm横断面上，或在髋结节与膝关节边线的中点的水平面上，因有许多较成熟的卵泡而使表面呈起伏不平的葡萄状。

卵巢前端为输卵管端，接输卵管伞；后端为子宫端，以卵巢固有韧带与子宫角相连。卵巢背侧有卵巢系膜附着，卵巢系膜中有血管、淋巴管和神经出入，称为卵巢门；腹侧缘为游离缘。卵巢固有韧带与输卵管系膜之间形成宽阔的卵巢囊，卵巢藏于卵巢囊内，卵巢囊有利于卵巢排出的卵细胞顺利进入输卵管。

> **小贴士**
>
> 在猪的饲养管理中常做母猪的阉割手术，就是摘除猪的卵巢。小母猪一般于45日龄左右进行阉割。淘汰的繁殖母猪也要做阉割手术，经过短期育肥饲养来改善肉的品质。

(2) 卵巢的组织构造。卵巢由被膜和实质构成（图2-50）。

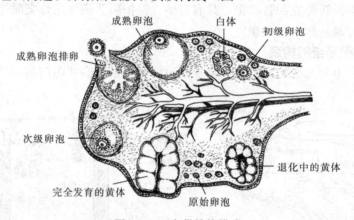

卵巢—成熟卵泡

图2-50 卵巢结构模式

被膜由生殖上皮和白膜构成。生殖上皮被覆于卵巢表面，其深面是一薄层由致密结缔组织构成的白膜。实质分为皮质和髓质两部分。皮质在外，内含有许多不同发育阶段的卵泡，又称为卵泡区。髓质位于卵巢内部，由结缔组织构成，含有丰富的血管、神经、淋巴管等，又称为血管区。

卵泡由中央的卵母细胞和周围的卵泡细胞构成。根据发育程度不同，可分为原始卵泡、初级卵泡、次级卵泡和成熟卵泡。成熟卵泡的体积增大，并突出于卵巢表面，卵泡壁变薄，卵泡腔增大。一般成熟卵泡的直径为12～19mm，羊的为5～8mm。

排卵卵泡中的颗粒细胞发育成粒性黄体细胞，颜色变黄，称为黄体。黄体可分泌孕激素。一般成熟黄体直径为20～25mm，羊的为9～15mm。如果卵细胞受精，黄体继续增大，称为妊娠黄体；如没有受精，则称为周期性黄体，可存在2周左右。黄体最终被结缔组织取代，颜色变白称为白体。

在一般情况下，卵巢内绝大多数卵泡不能发育成熟，而在各发育阶段中逐渐萎缩，称为闭锁卵泡。

2. 输卵管 输卵管为位于卵巢与子宫角之间的一条细长而弯曲的管道，是输送卵细胞和受精的场所。

输卵管的前端为一膨大的漏斗，称为输卵管漏斗。漏斗的边缘为不规则的皱褶，称为输卵管伞。漏斗中央的深处有一口，通腹腔，为输卵管腹腔口。输卵管的后端开口于子宫角的前端，为输卵管子宫口。

3. 子宫

（1）子宫的位置和形态。子宫是中空的肌质器官，富有伸展性，借子宫阔韧带悬于腰下。由于瘤胃的影响，成年母牛的子宫大部分位于腹腔的右侧后部，小部分位于骨盆腔内。子宫背侧为直肠，腹侧为膀胱，前接输卵管，后接阴道，两侧为骨盆腔侧壁。

牛的子宫为双分子宫，呈绵羊角状，可分为子宫角、子宫体和子宫颈三部分。子宫角的前部是分开的，每侧子宫角向前下方偏外侧盘旋蜷曲，并逐渐变细，与输卵管相接。左、右子宫角的后部因有肌肉组织及结缔组织相连，表面包以腹膜，很像子宫体，又称为伪子宫体。子宫体呈短的直筒状。子宫颈是子宫体向后延续的部分，全部位于骨盆腔内。子宫颈呈直的管状，壁很厚，其黏膜突起嵌合成螺旋状。子宫颈外口呈菊花状，有明显的子宫颈阴道部。子宫体和子宫角的黏膜上形成一些特殊的突起，称为子宫肉阜（也称为子宫子叶），这是妊娠时子宫壁与胎膜相结合的部位。牛的子宫肉阜呈卵圆形，表面隆起；羊的子宫阜呈纽扣状，中央凹陷。

猪的子宫为双角子宫。子宫角特别长，弯曲如小肠，经产母猪可达1.2~1.5m。子宫体很短，约5cm。子宫颈长，成年猪长10~15cm，子宫颈为子宫体的3倍，是子宫最狭窄的部分。其黏膜褶在两旁集拢形成两行半球形隆起，称为子宫颈枕。子宫枕交错相嵌，使子宫颈管呈狭窄的螺旋形。猪子宫颈与阴道无明显分界，也不形成子宫颈阴道部。

（2）子宫的结构。子宫壁由黏膜、肌层和浆膜3层构成。

黏膜又称为子宫内膜，粉红色，膜内有子宫腺，分泌物对早期胚胎有营养作用。肌层又称为子宫肌，由厚的内环行肌和薄的外纵行肌构成，二层肌肉间有一血管层，含丰富的血管和神经。子宫颈的环肌层特别发达，形成子宫颈括约肌，平时紧闭，分娩时开张。浆膜是外表面的一层，又称为子宫外膜。

子宫的主要功能是为胚胎提供生长发育的适宜场所，并参与胎儿的分娩。另外，在交配时子宫的收缩还有助于精子向输卵管运行。

4. 阴道 阴道位于骨盆腔内，背侧为直肠，腹侧为膀胱和尿道，前接子宫，后接尿生殖前庭。阴道是交配器官，同时也是产道。

5. 尿生殖前庭与阴门

（1）尿生殖前庭。尿生殖前庭是交配器官和产道，也是尿液排出的经路。尿生殖前庭前接阴道，后部以阴门与外界相通。黏膜呈粉红色，在与阴道交界处腹侧形成一横走的小黏膜，称为阴道瓣。阴道瓣的后方有尿道外口。在尿道外口的腹侧面有一黏膜凹陷形成的盲囊，称为尿道憩室。在给母牛导尿时，应注意导尿管不要插入憩室内。

（2）阴门。阴门是尿生殖前庭的外口，也是泌尿和生殖系统与外界相通的天然孔，位于肛门下方，以短的会阴部与肛门隔开。阴门由左、右两阴唇构成，两阴唇间的垂直裂缝称为阴门裂。在阴门裂的腹侧联合之内，有一小而凸出的阴蒂。

>
> 牛人工授精时，应避免将输精器误插入膀胱与尿道憩室。牛子宫颈管平时闭合，发情时稍松弛，输精器要避免盲目用力插入，防止生殖道黏膜损伤或穿孔。

二、生殖生理

（一）性成熟和体成熟

1. 性成熟 哺乳动物生长发育到一定时期，生殖器官已基本发育完全，具备了繁殖子代的能力，称为性成熟。此时雌性动物能产生卵子，有发情症状；雄性动物能产生精子，有追逐雌性动物交配的表现。

家畜性成熟的年龄，随着种类、品种、性别、气候、营养和管理等情况而有所不同。一般来讲，公畜比母畜性成熟早；早熟品种、气温较高和良好的饲养管理等都能使性成熟提前。

2. 体成熟 家畜达到性成熟时，身体仍在发育，直到具有成年动物固有的形态结构和生理特点，称为体成熟。因此，家畜开始配种的年龄要比性成熟晚些，牛性成熟年龄在10～18月龄，初配年龄为2～3岁。羊性成熟年龄在5～8月龄，初配年龄为1.0～1.5岁。

3. 性季节（发情季节） 母牛、母猪在一年之中，除妊娠期外，都可能周期性地出现发情，属"终年多次发情"动物。而羊的发情具有明显的季节性，仅在一定的季节才表现多次发情。两次性季节之间的不发情时期，称为乏情期。

（二）雄性生殖生理

1. 精液 精液由精子和精清组成，黏稠不透明，呈弱碱性，有特殊臭味。牛的副性腺分泌物少，精液量小，精子浓度较大。但频繁配种的公牛，射精少，精子浓度低。一般公牛一次交配的射精量平均为2～10mL，公羊为1mL左右，猪的射精量很大，一般为150～500mL。精液中精子的密度较小，在每毫升精液中有10万～30万个精子。

2. 精清 精清是副性腺、附睾和输精管的混合分泌物，呈弱碱性，其内含有果糖、蛋白质、磷脂化合物、无机盐和各种酶等。主要作用为稀释精子，便于精子运行；为精子提供能量，保持精液正常的pH和渗透压；刺激子宫、输卵管平滑肌的活动，有利于精子运行。

3. 精子 精子是高度特异化的浓缩细胞，呈蝌蚪状，分为头、颈、尾三部分。头部呈扁圆形，内有一个核，核的前面为顶体。核的主要成分是脱氧核糖核酸（DNA）和蛋白质。颈部很短，内含供能物质。尾部很长，在精子运行中起重要作用。精子形态异常，如头部狭窄、尾弯曲、双头、双尾等，都是精液品质不良的表现。

精子活动性是评定精子生命力的重要标志。精子的运动形式有3种，即直线前进运动、原地转圈运动和原地颤动。只有呈直线前进运动的精子，才具有受精能力。

离体后的精子容易受外界因素的作用而影响活力，甚至造成死亡。如在0℃下精子呈不活动状态；阳光直射、40℃以上偏酸或偏碱环境、低渗或高渗环境及消毒液的残余等都会使精子迅速死亡。在处理精液时，要注意避免不良因素的影响。

（三）雌性生殖生理

1. 性周期 母畜性成熟以后，卵巢中就规律性地出现卵泡成熟和排卵过程。哺乳动物的排卵是周期性发生的。伴随每次排卵，母畜的机体特别是生殖器官，发生一系列的形态和生理性变化。我们把家畜从这一次发情开始到下次发情开始的间隔时间，称为性周期（发情周期）。掌握性周期的规律有重大的实践意义，如能够在畜牧业生产中有计划地繁殖家畜，调节分娩时间和畜群的产乳量，防止畜群的不孕或空怀等。根据母牛生殖器官所发生的变化，一般可把发情周期分为发情前期、发情期、发情后期和休情期。

（1）发情前期。发情前期是发情周期的准备阶段和性活动的开始时期。在这期间，卵巢上有一个或两个以上的卵泡迅速发育生长，充满卵泡液，体积增大，并突出于卵巢表面。此时生殖器官开始出现一系列的生理变化，如子宫角的蠕动加强，子宫黏膜内的血管大量增生，阴道上皮组织增生加厚，整个生殖道的腺体活动加强。但还看不到阴道流出黏液，没有交配欲的表现。

（2）发情期。发情期是性周期的高潮时期。这时卵巢中出现排卵，整个机体和其他生殖器官表现一系列的形态和生理变化。如兴奋不安，有交配欲；子宫呈现水肿，血管大量增生；输卵管和子宫发生蠕动，腺体大量分泌；子宫颈口开张，外阴部肿胀、潮红并流出黏液等。这些变化均有利于卵子和精子的运行与受精。

（3）发情后期。发情后期是发情结束后的一段时期，这段时期母牛变得比较安静，不让公牛接近。生殖器官的主要变化是卵巢中出现黄体，黄体分泌孕激素（孕酮）。在孕酮作用下，子宫内膜增厚，腺体增生，为接受胚胎附植做准备。如已妊娠，发情周期结束，进入妊娠阶段，直到分娩后再重新出现性周期；如未受精，即进入休情期。

（4）休情期。休情期是发情后期之后的相对静止期。这个时期的特点是生殖器官没有任何显著的性活动过程，卵巢内的卵泡逐渐发育，黄体逐渐萎缩。卵巢、子宫、阴道等都从性活动生理状态过渡到静止的生理状态，随着卵泡的发育，准备进入下一个发情周期。

> **小贴士**
>
> 同期发情：利用某些激素制剂如孕激素、前列腺素和促性腺激素等，人为地控制并调整一群母畜发情周期的进程，使之在预定的时间内集中发情，以便有计划地组织配种。同期发情为胚胎移植创造条件，在胚胎移植技术的研究和应用中，必须要求供给胚胎的母畜和接受胚胎的母畜达到同期发情，这样，母畜的生殖器官就能处于相同的生理状态，移植的胚胎才能正常发育。

2. 排卵 成熟卵泡破裂，卵母细胞和卵泡液同时流出的过程称为排卵。排卵可在卵巢表面任何部分发生。排出的卵细胞经输卵管伞进入输卵管。牛、羊、猪发情周期、发情期和排卵时间见表 2-1。

表 2-1 牛、羊、猪发情周期、发情期和排卵时间参考数值

畜别	发情周期	发情期	排卵时间
奶牛	21~22d	18~19h	发情结束后 10~11h
黄牛	20~21d	1~2d	发情结束后 10~12h
水牛	20~21d	1~3d	发情结束后 10~12h

(续)

畜别	发情周期	发情期	排卵时间
绵羊	16~17d	24~36h	发情开始后24~30h
山羊	19~21d	33~40h	发情开始后30~36h
猪	19~23d	2~3d	发情开始后16~48h

> **小贴士**
>
> 超数排卵：应用外源性促性腺激素诱发卵巢多个卵泡发育，并排出具有受精能力的卵子的方法，简称"超排"。超排是进行胚胎移植时，对供体母畜必须进行的处理，其目的为了得到多量的胚胎。

3. 受精 受精是指精子和卵子结合而形成合子的过程。

精子进入母畜生殖道之后，需经过一定变化后才能具有受精的能力，这一变化过程称为精子的受精获能过程（或称为受精获能作用）。在一般情况下，交配往往发生在发情开始或盛期，而排卵发生在发情开始后或结束后。因此精子一般先于卵子到达受精部位，在这段时间内精子可以自然地完成获能过程。牛精子的获能时间为5~6h，羊的为1.5h，猪的为3~6h。

受精的过程

卵子保持受精能力的时间。卵子在输卵管内保持受精能力的时间就是卵子运行至输卵管峡部以前的时间，牛8~12h，绵羊16~24h，猪8~10h。卵子受精能力的消失也是逐渐的。卵子排出后如未遇到精子，则沿输卵管继续下行，并逐渐衰老，包上一层输卵管分泌物，精子不能进入，即失去受精能力。

4. 妊娠 受精卵在母体子宫体内生长发育为成熟胎儿的过程称为妊娠。妊娠期间发生如下的生理变化。

（1）卵裂和胚泡附植。受精卵（合子）沿输卵管向子宫移动的同时，进行细胞分裂，称为卵裂。约3d，受精卵即变成含16~32个细胞的桑葚胚。约4d，桑葚胚即进入子宫，继续分裂，体积扩大，中央形成含有少量液体的空腔，此时的胚胎称为囊胚。囊胚逐渐埋入子宫内膜而被固定，称为附植。此时胚胎就与母体建立起了密切的联系，开始由母体供应养料和排出代谢产物。

从受精到附植牢固所需的时间分别为牛45~75d，羊16~20d，猪12~24d。

> **小贴士**
>
> 胚胎移植又称为受精卵移植，是将一头优良雌性动物（供体）的早期胚胎（桑葚胚或囊胚）或通过其他方式得到的胚胎，移植到另一头同种的生理状态相同的雌性动物（受体）的输卵管或子宫内，使之继续发育成为新个体，也称为借腹怀胎。供体决定其遗传特性；受体只影响其体质发育。胚胎移植的目的是产生优良供体的后代。

（2）胎膜。胎膜是胚胎在发育过程中逐渐形成的一个暂时性器官，在胎儿出生后，即被弃掉。胎膜由羊膜、尿囊膜和绒毛膜组成。

羊膜：羊膜包围着胎儿，形成羊膜囊，囊内充满羊水，胎儿浮于羊水中。羊水有保护胎儿和分娩时润滑产道的作用。

尿囊膜：尿囊膜在羊膜的外面，分内外两层，围成尿囊腔，囊腔内有尿囊液，贮存胎儿的代谢产物。牛、羊的尿囊分成左、右两支，不完全包围羊膜。

绒毛膜：绒毛膜位于最外层，紧贴在尿囊膜上，表面有绒毛。牛、羊的绒毛在绒毛膜的表面聚集成许多丛，称为绒毛叶。除绒毛叶外，绒毛膜的其他部分平整光滑，无绒毛。

(3) 胎盘。胎盘是由胎儿的绒毛膜和母体的子宫内膜共同构成的。牛、羊的胎盘是由绒毛叶与子宫肉阜互相嵌合形成的，为绒毛叶胎盘或子叶型胎盘；猪的胎盘为弥散型胎盘。

胎盘不仅实现胎儿与母体间的物质交换，保证胎儿的生长发育，而且分泌雌激素、孕激素和促性腺激素。胎盘对妊娠期母体和胎儿有重要意义。

(4) 妊娠时母畜的变化。母畜妊娠后，为了适应胎儿的成长发育，各器官生理机能都要发生一系列的变化。首先是妊娠黄体分泌大量孕酮，除了促进种植、抑制排卵和降低子宫平滑肌的兴奋性外，还与雌激素协同作用，刺激乳腺腺泡生长，使乳腺发育完全，准备分泌乳汁。

随着胎儿的生长发育，子宫体积和重量也逐渐增加，腹腔脏器受子宫挤压向前移动，这就引起消化、循环、呼吸和排泄等一系列变化。如呈现胸式呼吸，呼吸浅而快，肺活量降低；血浆容量增加，血液凝固能力提高，血沉加快。到妊娠末期，血中碱储减少，出现酮体，形成生理性酮血症；心脏因工作负担增加，出现代偿性心肌肥大；排尿排粪次数增加，尿中出现蛋白质等。母体为适应胎儿发育的特殊需要，甲状腺、甲状旁腺、肾上腺和脑垂体表现为妊娠性增大和机能亢进；母畜代谢增强，食欲旺盛，对饲料的利用率增加，显得肥壮，被毛光亮平直。妊娠后期，由于胎儿迅速生长，母体需要养料较多，如饲料和饲养管理条件稍差，就会逐渐消瘦。

> **小贴士**
>
> 牛妊娠的直肠检查主要是两侧子宫角不对称，孕角变粗、松软、有波动感、弯曲度变小，而空角维持原状。随着胎儿日龄的增加，孕角逐渐垂入腹腔，子宫动脉搏动明显，甚至触及胎儿，感觉到胎动。

(5) 妊娠期。妊娠期从卵受精开始，到胎儿出生为止。牛、羊、猪的妊娠期见表2-2。

表2-2 牛、羊、猪的妊娠期

单位：d

动物种类	平均妊娠期	变动范围
黄牛	282	240~311
水牛	310	300~327
羊	152	140~169
猪	114	110~120

5. 分娩 分娩是发育成熟的胎儿从生殖道排出母体的过程。母牛临近分娩时有分娩预兆,主要表现为阴唇肿胀,有透明条状黏液自阴道流出;乳房红肿,并有乳汁排出;臀部肌肉塌陷等。分娩通常可分为3个时期。

(1) 开口期。子宫有节律的收缩,把胎儿和胎水挤入子宫颈。子宫颈扩大后,部分胎膜突入阴道,最后破裂流出胎水。

(2) 胎儿产出期。子宫更为频繁而持久的收缩,加上腹肌和膈肌收缩的协调作用,使子宫内压极度增加,驱使胎儿经阴道排出体外。

(3) 胎衣排出期。胎儿排出后,经短时间的间歇,子宫又收缩,使胎衣与子宫壁分离,随后排出体外。胎衣排出后,子宫收缩压迫血管裂口,阻止继续出血。此后,母畜进入产后期,生殖系统逐渐恢复到妊娠前的状态。

胎儿从子宫中娩出的动力是靠子宫肌和腹壁肌的收缩来实现的。当妊娠接近结束时,子宫平滑肌收缩逐渐增强,呈现节律性收缩与间歇,通常称为阵缩。阵缩的强度、持续时间与频率随着分娩时间的增加而逐渐增加。阵缩能使胎儿和胎盘的血液循环不至因子宫肌长期收缩而发生障碍,导致胎儿窒息或死亡。

三、乳腺和泌乳

(一) 乳腺

乳腺为哺乳动物所特有。雌性家畜的乳腺在哺乳期发育增大,能够泌乳哺育幼畜。

1. 乳腺的形态 母牛有四个乳房,紧密结合在一起,左右以纵沟分开,前后以横沟为界。乳房呈倒圆锥形,分为基部、体部和乳头部。乳头多呈圆柱状,顶端有一个乳头孔,为乳头管的开口。前部乳头比后部乳头长。

羊的乳房呈圆锥形,有两个,乳头基部有较大的乳池。

猪的乳房数量多,有5~9对,不同品种有差异,沿腹壁正中线对称分布。

2. 乳房的构造 乳房由皮肤、筋膜和实质构成。

筋膜位于皮肤深层,由结缔组织构成,分为浅筋膜和深筋膜。筋膜含有丰富的弹性纤维,在两侧乳房中间形成乳房悬韧带,有固定乳房的作用。筋膜的结缔组织伸入到实质中,形成小叶间结缔组织,把乳房实质分成很多腺小叶,小叶由腺泡构成。

乳房的实质是腺泡和导管。腺泡分泌乳汁,经导管(包括小叶内导管、小叶间导管、较大的输乳管)进入乳池。每个乳头上有一个乳头管与乳池相通,其开口处有括约肌控制。乳汁经乳池、乳头管排出。

3. 乳腺的生长发育 母畜的乳腺随着机体的生长而逐渐发育。性成熟前,主要是结缔组织和脂肪组织增生;性成熟后,在雌激素的作用下导管系统开始发育;妊娠中期,导管末端发育成为有分泌腔的腺泡,此时乳腺的脂肪组织和结缔组织逐渐被腺体组织代替;妊娠后期,乳腺组织生长迅速,不仅导管系统增生,而且每个导管的末端开始形成没有分泌腔的腺泡,腺泡的分泌上皮开始分泌初乳。分娩后,乳腺开始正常的泌乳活动。

经过一定时期的泌乳活动后,腺泡的体积又逐渐缩小,分泌腔逐渐消失,与腺泡直接联系的细小乳导管萎缩。于是腺体组织又被脂肪组织和结缔组织所代替,乳房体积缩小,最后乳汁分泌停止。待下一次妊娠时,乳腺组织又重新形成,腺泡腔重新扩大,并开始再次泌乳活动。如此反复进行,直到失去生殖能力。

> **小贴士**
>
> 牛乳房的皮肤薄而柔软，长有稀疏的细毛。乳房后部至阴门裂之间，有明显的带有线状毛流的皮肤褶，称为乳镜。乳镜越大，乳房越能舒展，含乳量就越多。因此，乳镜在鉴定产乳能力方面有重要作用。

（二）泌乳

乳腺组织的分泌细胞从血液中摄取营养物质生成乳汁后，分泌入腺泡腔内，这一过程称为泌乳。乳汁中含有仔畜生长发育所必需的一切营养物质。黄牛和水牛的泌乳期为 90～120d，而经人工选育的乳用牛，泌乳期长达 300d 左右。

乳可分为初乳和常乳两种。

1. 初乳　在分娩期或分娩后最初 3～5d，乳腺产生的乳称为初乳，初乳较黏稠、浅黄，如花生油样，稍有咸味和臭味，煮沸时凝固。

初乳内含有丰富的蛋白质、无机盐（主要是镁盐）和免疫物质。初乳中的蛋白质可被消化道迅速吸收入血液，以补充仔畜血浆蛋白质的不足；镁盐具有轻泻作用，可促进胎粪的排出；免疫物质被吸收后，使新生幼畜产生被动免疫，以增加抵抗疾病的能力。因此，初乳是初生仔畜不可替代的食物。喂给初生动物以初乳，对保证初生仔畜的健康成长，具有重要的意义。

2. 常乳　初乳期过后，乳腺所分泌的乳汁，称为常乳。各种动物的常乳，均含有水、蛋白质、脂肪、糖类、无机盐、酶和维生素等。蛋白质主要是酪蛋白，其次是白蛋白和球蛋白。当乳变酸时（pH4.7），酪蛋白与钙离子结合而沉淀，致使乳汁凝固。乳中还含有来自饲料的各种维生素（维生素 A、B 族维生素、维生素 C、维生素 D 等）和植物性饲料中的色素（胡萝卜素、叶黄素等）以及血液中的某些物质（抗毒素、药物等）。

3. 排乳　仔畜吸吮刺激或挤奶员的挤奶动作引起乳腺腺泡和腺管周围的平滑肌反射性收缩，将乳汁转移入乳导管和乳池内。这一过程称为排乳。

> **小贴士**
>
> 排乳反射能建立条件反射。挤乳的地点、时间、各种挤乳设备、挤乳操作、挤乳人员等都能作为条件刺激物，形成条件反射。在固定的时间、地点、挤乳设备和熟悉的挤乳人员以及按操作规程进行挤乳，可提高产乳量。反之，不正规挤乳、不断地更换挤乳人员、嘈杂环境均可抑制排乳，降低产乳量。因此，在畜牧业生产中必须根据生理学原理，进行合理的挤乳才能获取高产。

【实验实习与技能训练】

一、牛、羊、猪生殖器官的观察

（一）目的要求

认识牛、羊、猪生殖系统的形态、构造、位置及它们之间的相互关系。

（二）材料及设备

显示牛、羊、猪生殖系统各器官位置关系的尸体标本，牛、羊生殖器官的离体标本。

（三）方法步骤

用牛、羊、猪生殖器官的新鲜标本，先观察各器官的外形和位置，然后解剖。

1. 公牛、公羊、公猪的生殖器官　注意观察阴囊、睾丸、附睾、精索和输精管的形态、结构及各器官之间的位置关系。

2. 母牛、母羊、母猪的生殖器官　注意观察卵巢、子宫的形态、结构、位置及各器官之间的位置关系。

（四）技能考核

在牛、羊、猪尸体或标本上识别生殖器官的形态、位置和构造。

（五）作业

识别标本上牛、羊、猪生殖器官的形态、位置、构造；通过直肠检查了解母牛的子宫、卵巢等。

二、睾丸和卵巢组织构造的观察

（一）目的要求

认识睾丸和卵巢的组织结构。

（二）材料及设备

睾丸和卵巢组织切片、显微镜。

（三）方法步骤

（1）教师先利用多媒体讲解睾丸和卵巢的组织结构。

（2）用低倍镜观察睾丸和卵巢的整体结构。

（3）在教师的指导下，用高倍镜观察睾丸和卵巢的组织结构，注意观察睾丸和卵巢各部分组织的结构特点。

（四）技能考核

在显微镜下识别睾丸和卵巢的组织结构。

（五）作业

填写实习报告，画出睾丸、卵巢的组织切片图。

【复习思考题】

1. 简述公、母牛生殖系统的组成器官及作用。

2. 公猪去势手术需要切开那些结构?
3. 简述母牛子宫的特点及卵巢的位置。
4. 母畜妊娠后有哪些变化?分娩前有哪些预兆?
5. 为什么新生幼畜一定要吃到初乳?

课题7 牛(羊、猪)心血管系统结构及循环机制

> **课题导航**
>
> 通过学习本课题,知道心脏在体表的投影位置,血细胞的种类及功能;建立内环境的概念,知道内环境平衡的重要性;知道血液的主要成分在动物体生理活动中的作用,以及临床上常见血管的位置。

一、心血管系统的结构与功能

(一)心脏的结构与功能

1. 心脏的形态和位置

(1) 形态。心脏外形近似一个倒圆锥体,以冠状沟为界,上部宽大为心基部,位置固定,有大血管进出;下部小且游离,称为心尖部。从冠状沟向左下方延伸出左纵沟,向右下方延伸出右纵沟,两沟的右前方为右心室,左后方为左心室。在冠状沟和左、右纵沟内有营养心脏的血管和脂肪(图2-51)。

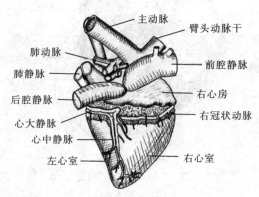

图2-51 牛心脏及基部血管(右侧面)

(2) 位置。心脏位于胸腔纵隔中,夹于两肺之间,略偏左并稍向前倾。心脏后方紧邻膈,膈的后方与心脏相对的是网胃。牛的心脏体表投影在第三至第六肋骨之间,心基位于肩关节水平线上,心尖在第六肋骨下端,距膈2~5cm。猪的心脏前后与第二至第五肋骨相对,心尖在第七肋骨与肋软骨的连接处(图2-52)。

2. 心脏的内部构造

(1) 心腔的构造。心脏内部由4个腔室构成,上方的两个腔是心房,下方的两个腔是心室。心房之间由房中隔分开互不相通,心室之间由室中隔分开互不相通,同侧的心房与心室

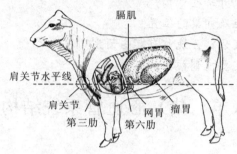

图 2-52 牛心脏的位置

之间以房室口相通。

心房由心耳和静脉窦两部分组成,静脉窦有静脉的入口部,心耳是心房侧壁突出的锥形盲囊。右心房的静脉窦上有前、后腔静脉和奇静脉开口,左心房的静脉窦上有几个肺静脉的入口。右心房下部有右房室口与右心室相通,右房室口有三片瓣膜,称为三尖瓣。左心房下部有左房室口与左心室相通,左房室口有两片瓣膜,称为二尖瓣。瓣膜的游离缘朝向心室,并有腱索连接到心室壁的乳头肌上,有防止血液倒流的作用。右心室的出口为肺动脉口,在肺动脉口有3个袋口朝向肺动脉的半月状瓣膜,称为半月瓣,可防止血液倒流。左心室的出口为主动脉口,在主动脉口上也有防止血液倒流的半月瓣(图2-53、图2-54)。

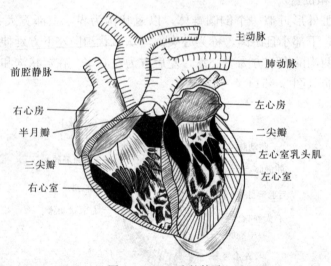

图 2-53 心腔的构造

(2) 心壁的构造。心壁分为3层,由外向内为心外膜、心肌和心内膜。

心外膜光滑、湿润,紧贴于心肌外表面,是心包膜的脏层;心肌由心肌细胞构成,呈红褐色。心房肌和心室肌是两个独立的肌系,且心房肌薄,心室肌厚,左心室肌最厚,以保证其执行功能时的交替收缩与舒张;心内膜薄而光滑,紧贴于心肌内表面,与血管内膜相延续,在左、右房室口和动脉口各处折叠成瓣膜。心内膜深面有血管、淋巴管、神经和心传导纤维等。

(3) 心脏的血管。心脏本身的血管是营养性血管,保证心肌等组织的代谢需要,包括冠状动脉和心静脉。冠状动脉由主动脉根部分出,行走于冠状沟和室间沟,分别称为左、右冠

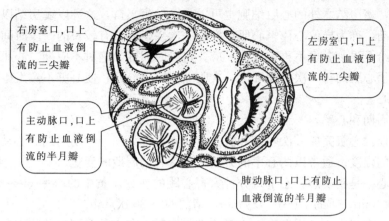

图 2-54 心房室口及动脉口的形态

状动脉，并分支分布于心房和心室壁内，在心肌内形成丰富的毛细血管网，最后汇集成心静脉返回右心房。

3. 心包 心包是包围心脏的纤维浆膜囊，分为脏层和壁层。脏层即心外膜，在心基处向外折转形成壁层。两者之间的密闭腔隙称为心包腔，内有少量滑液，称为心包液，有润滑作用。

> **小贴士**
>
> 心脏传导系统：心脏中有一些特殊分化的细胞，可自动的产生兴奋，并对兴奋信号进行传导，这类细胞称为自律细胞。心脏传导系统就是由这些自律细胞组成的。传导系统包括窦房结、结间束、房室结、房室束和浦金野纤维。其中，窦房结细胞的自动节律性最高，为心脏的正常起搏点。正常情况下，心脏的兴奋总是从窦房结开始，沿传导系统依次传播到心房、心室，从而引起心脏有节律地收缩和舒张（图 2-55）。

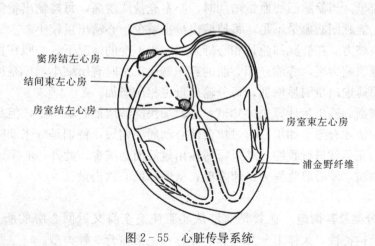

图 2-55 心脏传导系统

4. 心脏的生理功能

（1）心脏的生理特点。心脏可以自动而有节律的收缩与舒张，这一特性称为自动节律性。其中窦房结的自律性最高，是心脏正常兴奋活动的正常起搏点，其他部位细胞正常情况下不能自动产生兴奋。以窦房结为起搏点的心脏节律性活动，称为窦性心律。当窦房结的功能出现障碍时,窦房结之外的心肌细胞也可以自动发生兴奋,这种以窦房结以外的部位为起搏点的心脏活动,称为异位心律。心肌在发生一次兴奋后会有较长的一段时间来恢复其兴奋性,此时即使给予强刺激也不再表现出反应,这段时间称为绝对不应期。心肌绝对不应期较长的特性决定了心脏的每一次收缩和下一次收缩能完全分开,使心脏不致发生疲劳,并保证静脉血充分回心。

(2) 心动周期和心率。

①心动周期。心脏完成一次收缩和舒张的时间,称为一个心动周期。心动周期的长短反映了心脏活动的强度。通常以测心率的方法来了解心动周期的变化。

②心率。心率是指安静状态下每分钟家畜心跳的次数。黄牛的心率60~80次/min,水牛的30~50次/min,羊的70~80次/min,猪的60~80次/min。

(3) 心音。在每个心动周期中,由于心脏收缩射血和心脏瓣膜的关闭引起血流振荡而产生的声音称为心音。用听诊器可以听到两个心音,分别是第一心音和第二心音。第一心音出现于心室收缩期,称为心缩音,声音低沉而时间长,主要由房室瓣关闭、瓣膜腱索弹性振动以及血流冲击动脉管壁形成。第二心音出现在心室舒张期,称为心舒音,音调高而持续时间短,由动脉瓣关闭而产生。

(4) 心输出量与每搏输出量。心输出量指一侧心室一分钟射入动脉血管的血液量。心脏一次收缩的射血量称为每搏输出量。心输出量与每搏输出量有如下关系。

$$心输出量=每搏输出量×心率$$

机体正常时,心输出量应随着机体新陈代谢强度的改变而改变,代谢增强时,对氧和营养物质的需求增加,对二氧化碳的排出也增加,此时心输出量也会相应增加。如母畜妊娠后期心输出量可增加50%以上,剧烈运动时心输出量可增加几倍。

(5) 影响心输出量的因素。健康情况下,心输出量的主要影响因素有静脉回流量、心室肌收缩力和心率。

①静脉回流量。当静脉回心血量增加时,心室充盈度增高,每搏输出量就增多,心输出量较大;反之,静脉回心血量不足,每搏输出量也减少,心输出量较小。

②心室肌收缩力。在静脉回流量和心舒末期容积不变的情况下,心肌在神经、体液因素的调节下,增强收缩力度,心缩末期心肌的容积就比正常时有所缩小,于是压低心室的残余血量,从而使每搏输出量明显增加,每分输出量也相应增加。

③心率。根据心输出量计算公式知道,心率加快能够增加心输出量,但是心率只能在一定范围内适当加快才有效。如果心率过快会使心动周期缩短,特别是舒张期时间缩短,造成心室来不及完全充盈就进行收缩,结果每搏输出量反而会减少。此外,心率过快时,心脏会过度消耗供能物质,使心肌收缩力迅速降低,从而降低心输出量。

(二) 血管

1. 血管的分类及其构造　血管是血液从心脏流遍全身又返回心脏的所有管道状结构,根据其功能与结构特性,大体上分为动脉、静脉和毛细血管3种类型。

(1) 动脉。自心脏向外输出血液的血管及其分支称为动脉。管壁厚而且富有弹性,空虚时不塌陷,动脉血管断裂时呈喷射状出血。动脉管壁分为外膜、内膜和中膜3层。外层由结缔组织组成,称为外膜;中层由平滑肌、胶原纤维和弹性纤维组成,称为中膜;内层由内皮细胞、薄层胶原纤维和弹性纤维组成,称为内膜。按其管径大小,动脉又分为大、中、小三类。离心脏越近的动脉管径越大，管壁越厚，所含弹性纤维越多。离心脏远的动脉，其弹性纤维逐渐减少，平滑肌纤维逐渐增加，到小动脉时则以平滑肌为主。故大动脉又称为弹性动脉，小动脉又称为肌性动脉（图2-56）。

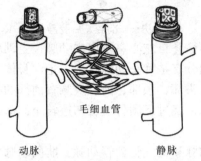

图2-56 动脉、静脉及毛细血管管壁构造

（2）静脉。起自毛细血管末端，输送血液回流心脏的一类血管统称为静脉，多与动脉伴行。其管壁构造也分3层，管壁较薄，弹性较差，容易塌陷，但静脉管腔口径相比同名的动脉大，血管断裂时呈流水状出血。口径较粗的静脉如四肢部与颈部的静脉，内膜折叠为成对的半月状游离瓣膜朝向心脏方向，称为静脉瓣，防止血液逆流。

（3）毛细血管。毛细血管是连于动脉末端与静脉始端之间的微细血管，短、细而且稠密，互相交织吻合成网状。其管壁非常薄，仅由一层内皮细胞构成，具有很强的通透性，是血液与组织之间进行物质交换的主要场所。另外，位于肝、脾、骨髓等处的毛细血管为适应其特定功能而形成膨大且不规则的管腔，称为血窦。血窦内能容纳较多的血液，并且血液在血窦内运行缓慢停留时间较久，有利于进行物质交换及巨噬细胞发挥吞噬作用。

2. 全身血管的分布 血液从心脏沿动脉流出，并随动脉分支运送到全身各处的毛细血管网，然后随着静脉的汇集流回心脏的循环途径称为血液循环。全身血液循环可分为体循环和肺循环两个途径（图2-57）。

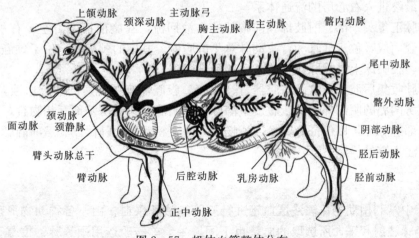

图2-57 机体血管整体分布

（1）肺循环血管的分布。肺循环路径短且范围仅限于肺，故又称为小循环。肺循环起于右心室，经肺动脉入肺，在肺内分支最终形成肺毛细血管网，而后汇集成肺静脉回到左心房。肺循环的作用主要是进行肺部的气体交换。血液在经过肺循环后变成含氧丰富的动脉血。

(2) 体循环血管的分布。体循环血管路径长范围遍及全身，故又称为大循环。体循环路径如下所示。

左心室——→主动脉——→各分段分支动脉——→体长细血管网

右心房←——前腔、后腔静脉←——体内小静脉

①体循环的动脉血管。体循环自左心室发出主动脉，主动脉分成向身体前部和后部的两个主要分支。走向身体前部的分支是臂头动脉总干，走向身体后部的分支是胸主动脉。

臂头动脉总干及其分支为头部、颈部、前肢及胸背前部的组织器官供应血液。其中颈外动脉向前向下延伸为颌外动脉，绕过下颌骨血管切迹转至面部，移行为面动脉。颌外动脉较浅，可进行脉诊。

胸主动脉的分支有肋间动脉和支气管食管动脉。肋间动脉主要分布于胸部脊柱附近的肌肉和皮肤。支气管食管动脉分别分布于肺组织和食管。

腹主动脉分支较多，其壁支主要为腰动脉，有6对，分布于腰部肌肉、皮肤及脊髓脊膜等处；脏支分布广泛，腹腔动脉分布于脾、胃、肝、胰及十二指肠；肠系膜前动脉主要分布于小肠、结肠、盲肠和胰；肾动脉成对分布于左、右肾；肠系膜后动脉比较细，主要分布于结肠后段和直肠；公畜为睾丸动脉，向后下行进入腹股沟管的精索，分支分布于睾丸、输精管、附睾和睾丸鞘膜。母畜为子宫卵巢动脉，在子宫阔韧带中向后延伸，分支为卵巢动脉和子宫前动脉，分布于卵巢、输卵管和子宫角上。

由腹主动脉分出的荐尾部髂内动脉，分布于骨盆腔器官和荐臀尾部的肌肉与皮肤，其中向后伸延为荐中动脉及尾中动脉，可进行脉诊。

由腹主动脉分出的左、右髂外动脉形成分支，分布于后肢相应部位的骨骼、肌肉和皮肤。在耻骨前缘部，分支出阴部腹壁动脉干，其分支为阴部动脉，在公畜分布于阴茎、阴囊等。在母畜主要分布于乳房，称为乳房动脉。

②体循环的静脉血管。指承担全身各处执行代谢的毛细血管回流出来的血液，由小到大逐渐汇集，最终进入右心房的流通体系。

前腔静脉汇集头颈部、前肢部和前胸部的血液回流，在胸前口处由左、右颈静脉和左、右腋静脉汇合而成，位于气管和臂头动脉总干的腹侧。其中的颈静脉，位于颈静脉沟内，中段紧贴皮肤，在临床上是静脉注射或采血的最佳部位。

后腔静脉收集后肢、骨盆及盆腔器官、腹壁、腹腔器官及乳房的静脉血液，范围最大。其中母畜乳房两侧的阴部外静脉、腹皮下静脉和会阴静脉在乳房基部互相吻合，形成一个粗大的乳房基部静脉环，以保证静脉血回流畅通无阻，相互替代补偿。乳房的静脉血大部分经阴部外静脉注入髂外静脉。

小贴士

临床中常利用动物体表浅层血管进行静脉输液和采血，由于各种动物形态大小的不同，静脉注射和采血所选取的血管也不同。牛、羊一般选用颈静脉，位置在颈部上1/3处；猪的耳背侧静脉发达，注射和采血选这个位置既安全又方便，但是采大量血时，一般采用前腔静脉，位置在第一肋骨和胸骨柄结合处的前方，耳根至胸骨柄的边线上，距胸骨端1～3cm处（图2-58）。

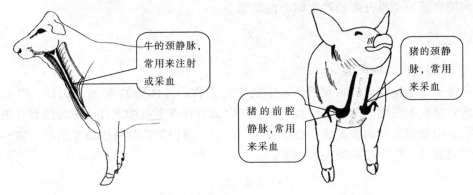

图 2-58 牛和猪的常用采血部位

3. 血管生理 血管不仅仅作为血液流通的管道,而且在血压调节、血流量控制、组织液生成与回流以及物质交换等方面都有重要作用。

(1) 血压及其影响因素。血压是指血液在血管内流动时对血管壁产生的侧压力,常用帕(Pa)或千帕(kPa)来表示。根据血管的不同血压可分为动脉血压、静脉血压和毛细血管血压,动脉血压最高,毛细血管血压次之,静脉血压最低。

通常所说的血压就是指动脉血压,其大小主要取决于心肌收缩强度、心输出量和血管形成的外周阻力,在生理与病理情况下凡是能影响这三者的因素,都能影响血压。随着心脏的收缩和舒张,动脉血压也在不断变化。在一个心动周期中,心脏收缩时动脉血压升高到最高值称为收缩压。在心脏舒张时,血压下降到最低值称为舒张压。收缩压与舒张压的差值,称为脉搏压,它可以反映动脉管壁的弹性。因此,临床上测量血压高低时,还要注意血压差值大小,帮助诊断。如动脉管壁硬化时血管弹性降低,增加外周阻力使收缩压增高,压差减小。

动脉血压

(2) 动脉脉搏。动脉血管随血压的高低变化而高低起伏的现象称为脉搏。

由于脉搏是心搏动和动脉管壁的弹性所产生的,不但直接反映心率,而且在一定程度上反映了血液循环系统的功能状态。检查脉搏一般选择接近体表的动脉,如牛在尾中动脉或颌外动脉;羊在股动脉;猪因皮下脂肪厚,一般不检查脉搏。

(3) 静脉血压和静脉血回流。血液对静脉管壁的侧压力,称为静脉血压,非常低。右心房作为体循环的终点,血压最低接近于零。血液在静脉内的回心流动,主要依赖于静脉与右心房之间的压力差。影响这种压力差变化的任何因素都能影响静脉血的回流,从而改变静脉回心血量。影响静脉回流量主要有以下因素。

①血压差促使血液回流。从毛细血管之后的远心段向近心段静脉血压缓慢降低,也就是说,毛细血管至右心房始终维持一个数值不太大的血压差,该血压差可以驱动血液平静的缓慢流回心脏。当动物卧倒时,全身各大静脉大都与心脏在同一水平,更利于血液流回心脏。

②胸腔负压的抽吸作用。呼吸运动时胸腔内产生的负压变化,是影响静脉回流的另一因素。胸腔内压比大气压低,吸气时更低。由于静脉管壁薄而柔软,故吸气时,胸腔内的大静脉受到负压牵引而扩张,使静脉容积增大,内压下降,因而对静脉回流起到抽吸的作用。

③骨骼肌收缩和静脉瓣的作用。大多数静脉存在于皮下和骨骼肌之间,因此当肌肉收缩时能挤压静脉,迫使血液向心脏方向流动。比较大的静脉管内都有成对的静脉瓣膜,开口朝

向心脏，使血液只能推开瓣膜产生向心性流动。

二、血液

（一）体液和机体内环境

体液是家畜动物体内的水和溶于水中物质的总称，占体重的60%～70%。以细胞膜为界，大部分存在于细胞内的称为细胞内液；其余部分存在于细胞之外统称为细胞外液。细胞外液包括组织细胞之间的组织液、心血管内的血液、淋巴管内的淋巴以及某些腔室空隙内存留的跨细胞液等，它们之间的关系如下：

$$\text{体液}\begin{cases}\text{细胞内液}\rightleftarrows\\ \text{细胞外液}\begin{cases}\text{组织液}\rightleftarrows\\ \text{血液}\rightleftarrows\text{淋巴液}\end{cases}\end{cases}$$

组织液是细胞赖以生存的环境，所以把组织液称为机体的内环境。内环境的物质平衡和化学稳定是细胞生存的基础，内环境平衡失调则细胞的正常功能不能维持，导致疾病的产生。家畜通过呼吸系统与消化系统从外界摄入的氧气和各种营养物质，都要通过血液运送到组织细胞。而组织细胞所产生的代谢产物也要通过血液排出。因此血液循环是调节内环境平衡的主要途径。

（二）血液的主要机能和血液量

1. 血液的主要机能

（1）运输作用。运输物质是血液最主要的功能，血液把吸收的营养物质、氧气及内分泌腺分泌的激素等，运送给全身组织或相应器官，同时又将代谢产生的废物回收送到排泄器官及时排出体外。

（2）调节作用。通过与组织液、细胞内液不断进行的物质交换，维持着内环境的物质成分、化学特性保持相对恒定。

（3）防御和保护作用。血液中的某些白细胞具有吞噬病原体的功能；免疫器官产生的抗体可参与机体的免疫过程；凝血因子、血小板及纤维蛋白原参与血凝过程等，这些对保护机体健康是十分重要的。

2. 血液量 健康动物应该有适当的血液量，通常按占体重的百分比计算，如牛占8.0%左右，猪占5.0%左右，一般含脂肪少的动物机体血量比例高些。这些血液在动物安静时并不是全部参加循环，总有一部分交替贮存于脾、肝、皮肤的毛细血管等处，可称为备用血液。这些能够贮存血液的器官称为血库，其贮存的血量占血液总量的8%～10%。当机体剧烈活动或出现大失血时会迅速释放出来参加血液循环。因此如果失血一次不超过10%，不会影响健康，家畜通过自我调节，在较短时间内得以补充。如果一次性失血达20%，机体生命活动会受到影响，仅靠自我调节恢复正常健康比较困难。如短时间内失血超过30%，就要危及生命安全，需要采取救治措施。

（三）血液的成分

正常血液为红色呈黏性的液体，由液体成分的血浆和有形成分血细胞共同组成，称为全血。如果取新鲜血液不做抗凝处理置于容器内，那么将很快凝聚成胶冻状的血块，并析出一些淡黄色的透明清液，称为血清。血清中已不含纤维蛋白原，因为血浆中的纤维蛋白原参与血凝保留在血块中，这是血清与血浆两者的主要区别。

1. 血浆 血浆是血液中的液体成分,其中水分占90%～92%,溶质占8%～10%,主要溶质成分如下。

(1) 血浆蛋白。血浆蛋白占血浆总量的6%～8%,包括白(清)蛋白、球蛋白和纤维蛋白原3种。其中白蛋白最多,球蛋白次之,纤维蛋白原最少。血浆蛋白的浓度决定了血浆胶体渗透压,调节血液与组织液的水平衡;血浆蛋白可形成蛋白缓冲对,调节血液的酸碱平衡;某些球蛋白含有大量的抗体,参与体液免疫;纤维蛋白原可参与血液凝固。

(2) 血糖。血液中所含的葡萄糖称为血糖,占0.06%～0.16%。

(3) 血脂。血液中的脂类称为血脂,占0.1%～0.2%,大部分以脂蛋白的形式存在,少部分以磷脂、胆固醇等形式存在。

(4) 无机盐。血浆中无机盐的含量为0.8%～0.9%,均以离子状态存在,如Na^+、K^+、Ca^{2+}、Cl^-、HCO_3^-等,它们对维持血浆晶体渗透压、酸碱平衡和神经肌肉的兴奋性有重要作用。

(5) 其他物质。血浆中含有维生素、激素和酶等,虽然含量甚微,但对机体代谢和生命活动却具有不可替代的重要作用。另外,还含有代谢后需要排出的废物,如尿素、尿酸、氨、胆色素等。

2. 血细胞 包括红细胞和白细胞(图2-59)。

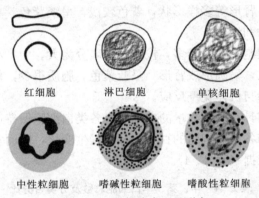

图2-59 血细胞类型及形态

(1) 红细胞。哺乳动物的红细胞大多没有细胞核,外形呈双面凹的圆盘状。红细胞的主要成分为血红蛋白,约占红细胞成分的33%。红细胞个体很小数量极多,其正常数量因动物种类、品种、性别、年龄、饲养管理和环境条件的不同而不同(表2-3)。如高产品种的红细胞比低产品种的红细胞多,幼龄的比成年的多,雄性的比雌性的多,高原的比平原的多,去势的比不去势的多,强健的比衰弱的多,饲养条件好的比差的多。

表2-3 成年牛、猪、羊红细胞数量和血红蛋白含量

动物种类	红细胞数/($\times 10^{12}$个/L)	血红蛋白含量/(g/L)
牛	7.0 (5.0～10.0)	110 (80～150)
猪	10.0 (8.0～12.0)	130 (100～140)
山羊	13.0 (8.0～18.0)	110 (80～140)

红细胞的主要功能是运载氧和二氧化碳,其次是缓冲血液的酸碱度,主要由血红蛋白来

执行。因此红细胞内需要保持足够的血红蛋白含量。

红细胞主要由红骨髓不断生成，而后进入血液循环，在体内平均存活120d后陆续死亡，最后被脾、肝、骨髓中的巨噬细胞吞噬破坏，分解为氨基酸、铁和胆绿素等，前两者被重新利用，后者被排出体外。

（2）白细胞。数量比较少，体积比红细胞大，多呈球形，有细胞核。细胞质内含有特殊染色颗粒（主要是溶酶体）的称为粒细胞，有3种；另外两种不含染色颗粒，称为无粒白细胞。

①中性粒细胞。白细胞中数量较多的一种，细胞质内有许多细小而分布均匀的颗粒，因能被酸性与碱性染料同时染色，故称为中性颗粒，瑞氏染色成紫红色。细胞核呈蓝紫色，根据发育程度分为幼稚型、杆核型和分叶型，成熟中后期可见3~5个分叶。中性粒细胞有很强的吞噬能力，能吞噬血中的细菌、异物等，在机体发生炎症反应时数量增多。

②嗜酸性粒细胞。数量较少，体积较大。细胞质内常含有粗大的嗜酸性颗粒，瑞氏染色呈橘红色。细胞核常分为2~3叶。有抗蠕虫免疫的作用，在机体感染某些寄生虫时数量增多。

③嗜碱性粒细胞。数量最少，细胞质内含有大小不等、分布不均的嗜碱性颗粒，染成蓝紫色。颗粒内含有肝素，有防止凝血、参与过敏反应的作用。

④单核细胞。白细胞中体积最大的细胞。细胞质较多，呈弱碱性，常被染成灰蓝色。细胞核常偏位，呈卵圆形、肾形等多样形状，着色较浅，呈淡紫色。单核细胞具有较强的吞噬能力，能吞噬较大的异物和细菌。

⑤淋巴细胞。在白细胞中数量较多，按直径一般分为大、中、小3种。在血液中常见的是小淋巴细胞，胞核较大，呈圆形或肾形，呈蓝紫色。胞质很少，仅在细胞核周围形成淡蓝色的一薄层。淋巴细胞参与机体免疫反应。

在健康状态下，动物具有一定数量的白细胞且各类白细胞保持适当的百分比。但在疾病状态下，白细胞的总数和各类白细胞的百分比都会发生变化，因而常对血液进行白细胞分类计数，作为诊断疾病的依据（表2-4）。

表2-4 牛、猪、羊白细胞总数及分类百分比

动物种类	白细胞总数/($\times 10^9$ 个/L)	中性粒细胞/%	嗜酸性粒细胞/%	嗜碱性粒细胞/%	淋巴细胞/%	单核细胞/%
牛	8.2	31.0	7.0	0.7	54.3	7.0
猪	14.8	44.5	4.0	1.4	48.0	2.1
山羊	9.6	49.2	2.0	0.8	42.0	6.0

白细胞大多数在骨髓产生，一般寿命比较短，能存活几天到十几天。衰老的白细胞大部分被巨噬细胞吞噬，小部分可穿过消化道以及呼吸道黏膜随分泌物被排出。

（3）血小板。血小板是一种无色、呈圆形或卵圆形的小体，有细胞膜和细胞器，但无细胞核，体积比红细胞小，是由骨髓巨核细胞的胞质脱落碎片而形成的。其主要机能为促进止血和加速血液凝固，当血管破裂发生出血时，血小板释放一些因子促使平滑肌收缩利于止血。

（四）血液的理化特性

1. 颜色与气味　血液的外观颜色与红细胞中血红蛋白的含氧量有关系。动脉血含氧量高，呈鲜红色；静脉血含氧量低，呈暗红色。血液中因含有挥发性脂肪酸，所以带有血腥味。

2. 密度与黏滞性　血液的密度取决于所含红细胞的数量和血浆蛋白的浓度，正常情况下略高于水，为1.046～1.052（相对密度）。血液的黏滞性是水的4～5倍，它的变化也取决于红细胞的数量和血浆蛋白的浓度。血液相对密度越大越浓稠，当家畜大量失水而使血液浓缩时，血液黏滞性增强。

3. 悬浮稳定性　血细胞悬浮于血浆中而不易下沉的特性称为悬浮稳定性。如将血液加入抗凝剂，静置于沉降管中，许多红细胞逐渐聚合而下沉，这种现象称为血沉。测定血沉可帮助诊断某些疾病。

4. 血浆渗透压　如果把两种浓度不同的溶液用半透膜隔开放在一起，那么溶剂成分便通过半透膜从浓度低的一侧向浓度高的一侧发生扩散，这种现象称为渗透。

正常家畜的血浆渗透压相对恒定，由两部分构成，一种是由血浆中的无机盐离子和葡萄糖等晶体物质构成，称为晶体渗透压，约占总渗透压的99.5%，对维持细胞膜内外水平衡起重要作用；另一种是由血浆蛋白等胶体物质构成，称为胶体渗透压，仅占总渗透压的0.5%，对维持血液和组织液间水平衡起重要作用。

> **小贴士**
>
> 血液渗透压与0.9%的氯化钠溶液或5%的葡萄糖溶液相等，凡与血液渗透压相等的溶液称为等渗溶液，因而临床上把0.9%的氯化钠溶液称为生理盐水，5%的葡萄糖溶液称为生理糖水，作为补水或静脉输液时给药的溶剂。高于血液渗透压的溶液称为高渗溶液，如10%的氯化钠溶液；低于血液渗透压的溶液称为低渗溶液。

5. 血液酸碱度　动物血液正常情况下维持弱碱性，是因为许多生理生化过程都需酶的催化作用，而酶系统的活性要求适当的酸碱度，因此血液的pH在7.35～7.50，不同动物略有差别。血液的pH之所以能够保持稳定，在于血液中含有许多成对的既可中和酸又可中和碱的缓冲对。血液中的缓冲对主要有$NaHCO_3/H_2CO_3$、Na_2HPO_4/NaH_2PO_4、蛋白质钠盐/蛋白质等，其中以$NaHCO_3/H_2CO_3$最为重要。临床上每100mL血液中含有HCO_3^-的量称为碱储。

（五）血液凝固

血液从血管流出后，自然状态下很快会由液体状态变成固体状态，这种现象称为血液凝固。不同动物血液发生凝固的时间不同，牛为6.5min，羊2.5min，猪3.5min。

1. 血凝过程　血凝是一个复杂的连锁性生化反应过程，大体可分为3步。

第一步：凝血酶原激活物的形成。在钙离子参与的前提下，组织受到损伤后释放出的组织因子或者血液与粗糙面接触都可以把血液中原来没有活性的凝血因子激活，形成凝血酶原激活物。

第二步：凝血酶原转变成凝血酶。在钙离子的参与下，凝血酶原激活物把血浆中没有活性的凝血酶原转变为有活性的凝血酶。

第三步：纤维蛋白原转变为纤维蛋白。在凝血酶和钙离子的作用下，血浆中可溶性的纤维蛋白原转变为纤维蛋白。纤维蛋白呈细丝状，并可以互相交织成网，把血细胞网罗在一起，形成血凝块。

2. 加速或防止血液凝固的措施 在临床上为了止血、输血和血液检查，常需要加速或延缓血液的凝固。

（1）常用抗凝或延缓血凝的方法。

降低温度：血液凝固主要是一系列酶促反应，而酶的活性受温度影响较大，把血液置于较低温度下可降低酶促反应而延缓凝固。

加入抗凝剂：在凝血的3个阶段中，都有钙离子的参与。如果设法除去Ca^{2+}可防止血凝。如草酸盐、柠檬酸盐等可与Ca^{2+}结合形成沉淀，故血液化验时常用来作为抗凝剂。

使用肝素：肝素在体内、外都有抗凝血作用。

脱纤维：若将容器内的新鲜血液，迅速用木棒搅拌，可以使形成的纤维蛋白附着在木棒上，不能形成网络结构可防血液凝固。

（2）常用促凝的方法。

升高温度：血液凝固是一系列酶促反应，适当升高温度能增强酶的活性，从而加速凝血，如外科手术中用温热生理盐水纱布压迫出血创面，有明显效果。

提高创面粗糙度：可促进凝血因子的活化，促使血小板解体，释放凝血因子，最后形成凝血酶原激活物。

注射维生素K：维生素K可促使肝合成凝血酶原，并释放入血，还可促进某些凝血因子在肝合成。因此，维生素K对出血性疾病具有止血的作用。

（六）微循环

1. 微循环的结构 微循环是指小动脉与小静脉之间的微细血管所形成的血液循环网，是实现物质交换的部位。由小动脉、中间小动脉、前毛细血管、真毛细血管、小静脉以及动静脉吻合支等组成（图2-60）。小动脉和中间小动脉含有平滑肌纤维，在神经、体液的调节下可以改变血管的舒缩状态，以调控血流量。故小动脉可以作为其分支区域血液供应的"总开关"。前毛细血管壁上仅有少量平滑肌纤维，对血液中的某些物质比较敏感，从而产生舒缩以适应功能需要。如发生缺氧时，细胞释放的腺苷使前毛细血管扩张，增加进入真毛细血管的血流量，缓解缺氧。

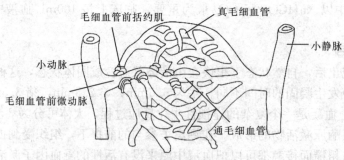

图2-60 微循环的组成

2. 组织液与淋巴 组织液是细胞赖以生存的环境，其稳定性对维持细胞健康有重要意义。体内绝大部分的组织液呈凝胶状态，不能自由流动，因此组织液不会因重力作用而流向身体的低垂部位。

(1) 组织液的生成与回流。组织液始终处于动态平衡的状态，是血管与细胞两个相对封闭体系之间从事一切交换的媒介区域，因此，组织液中的一切成分时时刻刻都在与细胞内液和血液进行着双向交流，以实现物质交换及水代谢平衡。通常我们笼统地认为组织液来自毛细血管血液，然后又回流到毛细血管。因为毛细血管壁具有通透性，故除血细胞和大分子物质外，水和其他小分子物质，如营养物质、代谢产物、无机盐等，都可以弥散或滤过的方式透过毛细血管壁，在血液和组织液之间进行交换。因此，组织液中各种离子成分与血浆相同，只有蛋白质浓度明显低于血浆。

组织液是血浆经毛细血管壁的滤过而生成的。液体通过毛细血管壁的滤过和回流取决于4个因素，即毛细血管血压、组织液胶体渗透压、组织液静压、血浆胶体渗透压。其中，毛细血管血压和组织液胶体渗透压是促使液体由毛细血管内向血管外"滤过"的动力；组织液静压和血浆胶体渗透压是促使液体从血管外向毛细血管内"回流"的动力。滤过的合力和回流的合力之差，称为有效滤过压。有效滤过压值的正、负，决定液体是"滤过"还是"回流"。

有效滤过压＝（毛细血管血压＋组织液胶体渗透压）－（组织液静压＋血浆胶体渗透压）

一般情况下动脉端毛细血管血压较高，有效滤过压为正值，则血浆中的液体由毛细血管滤出，形成组织液；静脉端毛细血管血压较低，有效滤过压为负值，则组织液回流入血液。

组织液的生成量总是稍大于回流量，因为有一小部分组织液进入毛细淋巴管内生成淋巴液，通过淋巴循环回流入血，来补充组织液回流的不足。这样组织液的生成量等于组织液的回流量和淋巴回流量之和，从而维持了血液与组织液之间的体液平衡。

(2) 影响组织液和淋巴液生成的因素。组织液的生成与回流是由有效滤过压决定的，因此影响有效滤过压的因素发生变化，组织液和淋巴液的生成就会发生变化。

①毛细血管血压。凡能使毛细血管血压升高的因素都可促进组织液和淋巴液的生成增加就会发生变化。

②血浆胶体渗透压。在生理状况下，血浆胶体渗透压的变化幅度很小，不会引起有效滤过压明显变化。而在病理状况下，如肾炎出现蛋白尿，使血浆蛋白减少，血浆胶体渗透压降低，导致有效滤过压升高，组织液生成量多于回流量，可出现水肿症状。

③毛细血管壁的通透性。机体活动剧烈时代谢增强，使局部温度升高，pH降低，氧消耗增加等，都可以使毛细血管壁通透性增大，促进组织液和淋巴液的生成增强，如人剧烈运动可感觉到肢体发胀。

④淋巴回流。一部分组织液经淋巴管回流入血液，如果回流受阻，在受阻部位远端的组织间隙中就会有组织液积聚而引起水肿，如丝虫病引起的肢体水肿等。

组织液的动态变化对于分析许多生理与病理现象都具有指导意义。

【实验实习与技能训练】

一、心脏形态、结构的观察与认知

(一) 目的要求

观察心脏，认识心脏形态与腔室构造特点。

（二）材料设备

牛或猪心脏实物或标本、解剖器械。

（三）方法步骤

（1）观察心包，打开心包腔，识别其壁层与心外膜。

（2）剥开心包，观察心脏外形、冠状沟、室间沟及各类血管。

（3）切开右心房与右心室，观察右心房和前、后腔静脉入口。观察肺动脉口的瓣膜，右心室的乳头肌、腱索及房室瓣。

（4）切开左心室、左心房，操作步骤同上，并纵行切开主动脉根部，观察主动脉瓣的结构。

（四）技能考核

指认新鲜心脏标本上的上述结构，并能阐述血液在心脏内部的流通原理。

（五）作业

填写实习报告，绘出心脏纵剖简图。

二、血细胞观察与分类识别

（一）目的要求

制作血涂片，镜下识别各种血细胞特点。

（二）材料及设备

显微镜、动物血液。

（三）方法步骤

（1）按要求自制血液涂片。

（2）用高倍镜或油镜观察血涂片，认识红细胞形态。进一步寻找各类白细胞，仔细的对照辨认其形态、结构与特点。

（四）技能考核

在镜下找出清晰、正确的白细胞。

（五）作业

填写实习报告，绘出各种血细胞的形态、结构图。

三、活体实习

牛心脏听诊部位、常用静脉注射、采血部位和脉搏检查部位的识别。

（一）目的要求

在活牛体表确定心脏投影位置、颈静脉位置、颌外动脉与尾中动脉位置，并实施检查与练习。

（二）材料及设备

牛、保定设备、采血针头、听诊器。

（三）方法步骤

（1）将牛站立保定。

（2）确定心脏体表投影区，左侧肩关节水平线下，第二至第六肋间处。用听诊器听诊心音，记录心率，仔细分辨第一、第二心音。

(3) 确定颈静脉沟的位置，触摸颈静脉。确定无误后，在教师指导下，用采血针采血，注意采血、静脉注射操作的一些要求。

(4) 测量脉搏，先由老师在尾根处摸到尾中动脉或在下颌骨切迹处摸到颌外动脉，检查后让学生训练操作。

(四) 技能考核
根据上述（2）、（3）、（4）步的操作规范程度与准确性。

(五) 作业
填写实习报告，记录操作检查中的数据。

【复习思考题】

1. 血糖浓度增高、血脂浓度增高时血压会有什么变化？
2. 为什么动物在营养不良时机体会出现水肿？
3. 心力衰竭时心率很快但心输出量很低，为什么？

课题 8　牛（羊、猪）免疫系统

课题导航

通过学习本课题，知道免疫、中枢免疫器官和周围免疫器官的概念，并能在动物身体上找出临床常用的淋巴结。

一、免疫的概念及免疫系统的组成

免疫是动物机体的一种生理功能，依靠这种功能动物有机体能够识别"自己"和"非己"成分，从而破坏和排斥进入机体的抗原物质，或机体本身所产生的损伤细胞和肿瘤细胞等，以维持动物机体的健康。有机体的这种能力也就是我们平常说的抵抗力。动物有机体中完成这种机能的器官、细胞和分子构成免疫系统。

动物机体的免疫器官包括中枢免疫器官和周围免疫器官。中枢免疫器官有骨髓、胸腺，其共同特点是发生早，退化早。周围免疫器官有淋巴结、脾、扁桃体。在机体许多器官中分布有淋巴细胞群，常见的有扁桃体、淋巴小结、血淋巴结等。

二、免疫器官

(一) 中枢免疫器官

中枢免疫器官是免疫细胞发生、分化和成熟的场所，包括骨髓和胸腺。

1. 骨髓　骨髓中的干细胞分化后可产生髓样干细胞和淋巴干细胞。髓样干细胞能分化成血液中的有粒白细胞和单核细胞。淋巴干细胞一部分直接在骨髓内分化成 B 淋巴细胞，另一些则进入胸腺分化为 T 淋巴细胞。

2. 胸腺　胸腺位于胸腔纵隔内和颈部。既是淋巴器官，又是内分泌器官。来自骨髓的淋巴干细胞在胸腺中受胸腺素和胸腺生成素等的诱导作用，增殖分化、成熟为具有免疫功能的 T 细胞，而后进入外周淋巴器官，参与机体的免疫反应。

幼年的牛、羊、猪胸腺发达，分颈、胸两部分。颈部分左、右两叶，自胸前口沿气管、食管向前延伸至甲状腺的附近；胸部位于心前纵隔内。胸腺在性成熟以后逐渐退化，但并不完全消失，即使在老年期，在胸腺原位的结缔组织中，仍可发现小块有活动的胸腺遗迹。

（二）周围免疫器官

周围免疫器官是 T 细胞、B 细胞定居和抗原进行免疫应答的场所。

1. 淋巴结

（1）淋巴结的形态位置。淋巴结位于淋巴管径路上，多位于凹窝或隐藏之处，大小不一，大的几厘米，小的只有 1mm，多成群分布。形态有球形、卵圆形、扁圆形等。淋巴结在活体上呈淡红色，肉尸上略呈灰白色，淋巴结的一侧凹陷为淋巴结门，是血管、神经和淋巴管出入的地方；另一侧凸出，有多条输入淋巴管注入。

（2）淋巴结的组织构造。淋巴结由被膜和实质构成（图 2-61）。

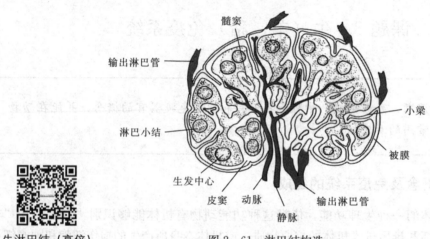

牛淋巴结（高倍）　　　　图 2-61　淋巴结构造

①被膜。被膜为覆盖在淋巴结表面的结缔组织膜。被膜结缔组织伸入实质形成许多小梁并相互连接成网，与网状组织共同构成淋巴结的支架。进入淋巴结的血管沿小梁分布。

②实质。淋巴结的实质可分为皮质和髓质。

皮质：位于淋巴结的外周，颜色较深。由大量淋巴细胞和皮质淋巴窦组成。皮质淋巴窦是位于被膜下、淋巴小结与小梁之间互相通连的腔隙，是淋巴流经的部位。窦内存在着网状细胞、淋巴细胞和巨噬细胞。窦壁由内皮细胞构成，壁上有孔，淋巴细胞和淋巴液可以自由进出。

髓质：位于中央部和淋巴门部，颜色较淡。由大量淋巴组织和髓质淋巴窦组成。髓质淋巴窦位于髓索之间和髓索与小梁之间的腔隙，结构与皮质淋巴窦相同，接受来自皮质淋巴窦的淋巴，并将淋巴液汇入输出淋巴管。

（3）淋巴结的功能。淋巴结是体内最重要、分布广泛的免疫器官，通过淋巴细胞参与机体的免疫活动；巨噬细胞具有很强的吞噬能力，能吞噬由淋巴带来的异物和微生物；淋巴结还产生淋巴细胞，是重要的造血器官。

（4）牛主要淋巴结的分布位置（图2-62）。

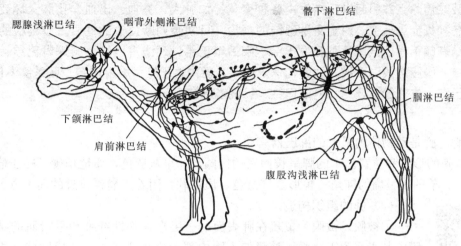

图2-62 牛体浅层主要淋巴结

①下颌淋巴结。下颌淋巴结呈卵圆形，位于下颌间隙中，下颌血管切迹稍后，外侧与颌下腺前端相邻。收集头腹侧、鼻腔、口腔前部及唾液腺的淋巴。

②颈浅淋巴结。颈浅淋巴结又称为肩前淋巴结，位于肩关节前上方，臂头肌和肩胛横突肌深面。接受颈部、前肢和胸壁的淋巴，输出管汇入右气管淋巴干或胸导管。

③髂内淋巴结。髂内淋巴结分布于髂内动脉和旋髂深动脉起始部附近，一般1~4个，长1~5cm，接纳后肢、骨盆壁、盆腔器官和腰部的淋巴，输出管形成腰淋巴干。

④腹股沟浅淋巴结。母畜为乳房淋巴结，位于乳房基部后上方皮下，接纳乳房前庭、阴门及股部、小腿部皮肤的淋巴。公畜则为阴囊阴茎背侧淋巴结，位于精索之后，阴囊基部阴茎两侧。

⑤髂下淋巴结。髂下淋巴结又称为股前或膝上淋巴结，位于股阔筋膜张肌前缘的膝褶中，为一个大而长的淋巴结，在体表即可触摸到。接纳腹壁、骨盆、股部、小腿部皮肤的淋巴。

⑥腘淋巴结。腘淋巴结位于股二头肌、半腱肌与腓肠肌外侧头之间，接纳小腿部的淋巴。

⑦气管支气管淋巴结。气管支气管淋巴结位于气管分叉的附近，形状不规则。它主要接纳支气管、心肺的淋巴，汇入胸导管。

⑧肝门淋巴结。肝门淋巴结位于肝门附近，沿门静脉、肝动脉和胆管分布，牛一般1~3个，多则10个，羊2~4个。接纳肝、胰、十二指肠和皱胃的淋巴，输出管汇入腹腔淋巴干。

⑨肠系膜淋巴结。肠系膜淋巴结位于肠系膜前、后动脉附近和肠系膜中，数目很多。收集小肠、大肠各段的淋巴及其他腹腔淋巴，最后汇入肠淋巴干。

> **小贴士**
>
> 猪宰后检疫：当病原体或异物侵入动物机体时，首先进入附近的淋巴结内，在此被阻截或清除，并引起淋巴结发生各种变化，如肿大、充血、出血、化脓、坏死、结节及各种炎症等病变。对全身淋巴结的剖检，可初步判断疫病的性质。应剖检的主要淋巴结有颌下淋巴结、耳下腺淋巴结、咽后淋巴结、颈浅淋巴结、颈深淋巴结、股前淋巴结、腹股沟浅淋巴结、腹股沟深淋巴结、髂内淋巴结、腘淋巴结、肠系膜淋巴结、胃淋巴结、支气管淋巴结、肝淋巴结、纵隔淋巴结。

2. 脾 脾是动物体内最大的淋巴器官。

(1) 脾的形态和位置。牛的脾呈长而扁的椭圆形，呈灰蓝色，质地稍硬，贴于瘤胃背囊的左前方。羊的脾呈扁的钝角三角形、红紫色，质柔软，附着于瘤胃背囊的前上方。

猪脾（低倍）

(2) 脾的组织构造。

①被膜。被膜为覆盖在脾表面的一层富含弹性纤维和平滑肌的结缔组织膜，其表面覆以浆膜。被膜伸入脾内部形成小梁，并吻合成网状，构成网状支架。被膜和小梁内的平滑肌舒缩，对脾的贮血量有重要的调节作用。

②实质。脾的实质又称为脾髓，由淋巴组织组成，可分为红髓和白髓。

红髓：由脾索和脾窦组成。脾索为彼此吻合成网的索状淋巴组织，除网状细胞外，还有B淋巴细胞、巨噬细胞、浆细胞和各种血细胞；脾窦为血窦，分布于脾索之间，窦壁通透性大，有利于血细胞从脾索进入脾窦。

白髓：主要由密集的淋巴组织构成，沿着动脉分布，分散于红髓之间。它分为动脉周围淋巴鞘和淋巴小结。动脉周围淋巴鞘为长筒状，淋巴组织紧包在穿行的中央动脉周围。

(3) 脾的功能。通过淋巴细胞活动参与机体的免疫活动；通过巨噬细胞的吞噬作用，清除流经脾的血液中的微生物和异物。此外，脾还是体内重要的造血和贮血器官。

3. 淋巴组织

(1) 血淋巴结。血淋巴结呈球状，暗红色，较小，主要位于血液循环的径路上。有一定的造血和免疫功能。

(2) 扁桃体。扁桃体在咽峡和鼻咽部的黏膜内，分为咽扁桃体和腭扁桃体，以腭扁桃体最发达。呈卵圆形隆起，表面有很多清晰的隐窝。

扁桃体无输入淋巴管，又处于暴露位置，故抗原可从口腔直接感染。扁桃体的主要作用有两个，一是可产生淋巴细胞，二是对抗原起反应，构成全身防御系统的一部分。

(3) 淋巴小结。在黏膜上皮下面的某些部位，有淋巴细胞密集形成的淋巴组织，称为淋巴小结。有的单个存在，称为孤立淋巴小结；有的集合成群，称为集合淋巴小结。

三、免疫细胞

（一）免疫细胞的种类

1. 淋巴细胞 淋巴细胞大小不一，一般在 $5\sim18\mu m$，胞核大，胞质少。它随血液周流全身，因而在机体的每个组织中都能找到。淋巴细胞不但能识别外来的"非己"物质，而且能辨别自己体内的成分，这种能力是淋巴细胞的主要特征，也是免疫反应的起点。现已发现的淋巴细胞有如下几种。

（1）T细胞。T细胞是骨髓的淋巴干细胞在胸腺分化、成熟的淋巴细胞，也称为胸腺依赖性淋巴细胞，用胸腺（thymus）一词英文字头"T"来命名。该细胞成熟后进入血液和淋巴液，参与细胞免疫。

（2）B细胞。B细胞是淋巴干细胞直接在骨髓分化、成熟的淋巴细胞，为骨髓依赖性淋巴细胞。用骨髓（bone marrow）一词英文字头"B"命名。B淋巴细胞进入血液和淋巴后在抗原刺激下分化成浆细胞，产生抗体，参与体液免疫。

（3）K细胞。K细胞是发现较晚的淋巴样细胞，分化途径尚不明确，具有非特异性杀伤功能。它能杀伤与抗体结合的靶细胞，且杀伤力较强。

（4）NK细胞。NK细胞又称为自然杀伤细胞，它不依赖抗体，不需抗原作用即可杀伤靶细胞。尤其是对肿瘤细胞及病毒感染细胞，具有明显的杀伤作用。

2. 单核巨噬细胞系统 它是指分散在许多器官和组织中的一些具有很强的吞噬能力的细胞，这些细胞都来源于血液的单核细胞。主要包括疏松结缔组织中的组织细胞、肺内的尘细胞、肝血窦中的枯否氏细胞、血液中的单核细胞、脾和淋巴结内的巨噬细胞、脑和脊髓内的小胶质细胞等。血液中的中性粒细胞虽有吞噬能力，但不是由单核细胞转变而来，且只能吞噬细胞而不能吞噬较大的异物，因此不属于单核巨噬细胞系统。

单核巨噬细胞系统的主要机能是吞噬侵入体内的细菌、异物以及衰老、死亡的细胞，并能清除病灶中坏死的组织和细胞；在炎症的恢复期参与组织的修复；肝中的枯否氏细胞还参与胆色素的制造等。

3. 抗原提呈细胞 抗原提呈细胞指在特异性免疫应答中，能够摄取、处理、传递抗原给T细胞和B细胞的细胞，其作用过程称为抗原提呈。有此作用的细胞主要有巨噬细胞、B细胞、周围淋巴器官中的树突状细胞、指状细胞及真皮层中的郎格罕氏细胞等。

4. 粒性白细胞 细胞质中含有颗粒的白细胞称为粒性白细胞。其中，中性粒细胞除具有吞噬细菌、抗感染能力外，尚可与抗原、抗体相结合，形成中性粒细胞-抗体-抗原复合物，从而大大加强对抗原的吞噬作用，参与机体的免疫过程；嗜碱性粒细胞主要参与体内的过敏性反应和变态反应；嗜酸性粒细胞与免疫反应过程密切相关，常见于免疫反应的部位，有较强的吞噬能力，抗寄生虫的作用也较强。

（二）免疫细胞的作用

淋巴细胞、巨噬细胞是免疫活动的骨干细胞。淋巴细胞能首先识别抗原为外来物，而后给以应答，不同的淋巴细胞采取不同的应答方式。一种是淋巴细胞分化为浆细胞，进而产生抗体；另一种是淋巴细胞分化成能执行细胞免疫的细胞，而后由这种细胞去直接破坏抗原。巨噬细胞的免疫则较少有特异性，其免疫方式主要是直接吞噬抗原，或以免疫原的形式将抗原提供给淋巴细胞群。

四、淋巴管

淋巴生成后，沿毛细淋巴管→淋巴管→淋巴导管→前腔静脉或颈静脉回流到血液。

1. 毛细淋巴管 毛细淋巴管以盲端起始于组织间隙，并彼此吻合成网，通透性大于毛细血管,组织液中的大分子物质如细菌、异物等较易进入毛细淋巴管内。因而当动物受到感染时,其炎症病灶首先要在淋巴系统中表现出来。

2. 淋巴管 淋巴管由毛细淋巴管汇合而成,其形态构造与静脉相似,但管径较细,数量较多,管壁较薄,管内瓣膜较多。淋巴管行进过程中要经过许多淋巴结。

3. 淋巴导管 全身的淋巴管最后汇集成两条最大的淋巴导管,并与静脉血管相连接。

(1) 胸导管。胸导管起始于最后胸椎到第二、三腰椎腹侧面的乳糜池(长梭形,收集肠道来的淋巴,含有大量脂肪,呈乳白色),而后沿主动脉右侧前行,在胸腔通过食管和支气管左侧下行,注入前腔静脉左侧或左颈静脉。乳糜池和胸导管沿途主要收集后肢、腹壁、腹腔、骨盆壁及骨盆腔内器官、左侧胸壁、左肺、左心、左头颈部、左前肢的淋巴。

(2) 右淋巴导管。右淋巴导管是由右侧头颈部、右前肢、右侧胸壁的淋巴导管汇集而成的。较胸导管短小,位于斜角肌深层。最后注入右颈静脉或前腔静脉右侧。

五、淋巴的生理意义

淋巴是体液的重要组成部分,其生理意义如下。

1. 调节血浆和组织细胞之间的体液平衡 淋巴的回流虽然缓慢,但对组织液的生成与回流平衡却起着重要的作用。如果淋巴回流受阻,可引起淋巴淤积而出现组织液增多,局部肿胀等症状。

2. 免疫、防御、屏障作用 淋巴在循环、回流入血过程中,要经过免疫系统的许多器官,而且液体中含有大量免疫细胞,能有效地参与免疫反应,清除细菌、异物等抗原,产生抗体。所以,淋巴系统具有重要的免疫、防御、屏障作用。

3. 回收组织液中的蛋白质 由毛细血管动脉端滤出的血浆蛋白,不可能逆浓度差从组织间隙重吸收入毛细血管,只有经过淋巴回流,才不至于在组织液中堆积。据测定,每天经淋巴回流入血的血浆蛋白约占循环血浆蛋白总量的1/4。

4. 运输脂肪 由小肠黏膜上皮细胞吸收的脂肪微粒,主要经肠绒毛内毛细淋巴管回收,然后经过乳糜池—胸导管回流入血。因而胸导管内的淋巴液呈现白色乳糜状。

小贴士

免疫接种的目的是通过给健康动物接种一定量的微生物(如病毒、细菌、支原体等),激活动物的防御体系,使被接种的健康动物在以后受到同种病原感染时,免疫系统能迅速有效地产生免疫反应,清除病原或减轻受病原攻击时疾病的严重程度。因此,免疫接种是为了建立动物的主动抵抗力,防止动物发病,而不是阻止感染。

【实验实习与技能训练】

一、牛(羊)淋巴结、脾形态结构和位置识别

(一) 目的要求

在新鲜标本上识别主要淋巴结和脾。

(二) 材料及设备

牛（羊）的尸体标本、解剖器械。

(三) 方法步骤

在牛（羊）的尸体标本上找到下颌淋巴结、颈深淋巴结、肩前淋巴结、腋淋巴结、肘淋巴结、股前（膝上）淋巴结、腘淋巴结、腹股沟深淋巴结、腹股沟浅淋巴结、纵隔后淋巴结、腹腔淋巴结、肠系膜淋巴结和脾。

(四) 技能考核

在牛或羊的标本上，识别上述淋巴结和脾。

二、淋巴结和脾组织结构的观察

(一) 目的要求

识别淋巴结和脾的组织构造。

(二) 材料及设备

淋巴结和脾的组织切片、显微镜。

(三) 方法步骤

1. 淋巴结的观察 先用低倍镜后用高倍镜观察淋巴结切片的下列构造：被膜、淋巴小结、副皮质区、皮质淋巴窦、髓索和髓窦。

2. 脾的观察 先用低倍镜后用高倍镜观察脾组织切片的下列构造：被膜、脾小梁、脾小体、髓索和髓窦。

(四) 技能考核

在显微镜下找到淋巴结和脾的主要结构，绘出淋巴结和脾的组织结构图。

【复习思考题】

1. 淋巴管堵塞时为什么会出现局部水肿？
2. 兽医临床和卫生检疫常检的淋巴结有哪些？位置在哪里？
3. 为什么检查淋巴结可以帮助诊断疾病？

课题 9 牛（羊、猪）神经系统与感觉器官

课题导航

通过学习本课题，知道脑的构成，能够在标本或尸体上找到海马体，腹壁切开手术常遇到的 3 条重要神经，以及前肢和后肢的主要神经干。

一、神经系统的构成

神经系统是动物有机体的调节系统，它既调节机体内各器官系统的活动，使之协调成为

统一整体,又能使机体适应外界环境的变化,保证畜体与环境间的相对平衡。神经系统由中枢神经和外周神经构成。

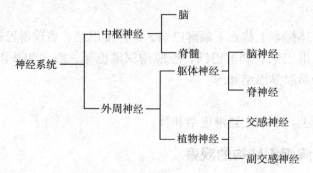

(一) 中枢神经

中枢神经包括脑和脊髓。

1. 脑 脑是神经系统的高级中枢。位于颅腔内,大小与颅腔相适应。脑分为大脑、小脑、间脑、中脑、脑桥和延髓六个部分,其中间脑、中脑、脑桥和延髓合称为脑干(图 2-63)。

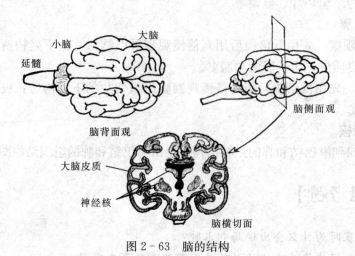

图 2-63 脑的结构

脑主要由神经组织构成,在脑的切面上眼观可见有两种成分,颜色白亮的为白质,颜色灰暗的为灰质。灰质是由神经细胞的细胞体大量聚集而成,白质是由神经纤维聚集而成。覆盖在大脑和小脑表面的灰质称为皮质,在脑的内部,灰质呈团块状分布在白质内,称为神经核。有十二对脑神经核发出的神经纤维形成脑神经,这些脑神经从脑发出后大部分分布到头面部,其中的迷走神经核发出的迷走神经分布最为广泛,分布到全身各处的腺体、平滑肌和心肌。

(1) 大脑。大脑由左、右两个完全对称的大脑半球组成,借胼胝体相连。两个大脑半球内侧凹陷,中间夹着间脑的丘脑部分,大脑内侧的凹陷和丘脑之间形成的半环形狭窄腔隙称为侧脑室。侧脑室后方底部有一对形似海马的隆起称为海马体(图 2-64),在动物发生狂犬病的时候,海马体会有特定的病理变化。大脑是最高级的部分,在大脑皮层和内部的神经核上集中了调节生命活动的重要中枢。调节特定功能的神经元会聚集在大脑皮层特定的区域,称为大脑皮层的功能分区。

(2) 脑干。脑干由延髓、脑桥、中脑及其前端的间脑构成。间脑由丘脑和下丘脑组成,被大脑包住的部分为丘脑,在大脑腹侧暴露出来的部分为下丘脑,下丘脑腹侧的突起为垂体,是重要的内分泌腺。丘脑后方是中脑,中脑后面是脑桥,脑桥后面是延髓,延髓与脊髓相连。这样,脑干成为脊髓与大脑、小脑连接的桥梁。

脑干除了有传导的功能外,还有许多诸如调节呼吸、心跳、消化、体温、睡眠等重要生理功能等。

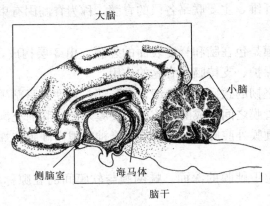

图 2-64 牛脑正中矢状面(海马体)

(3) 小脑。小脑略呈球形,位于延髓和脑桥背侧,其表面有许多凹陷的沟和凸出的回。小脑分为中间较窄且卷曲的蚓部和两侧膨大的小脑半球。主要调节肌紧张、维持身体平衡和协调躯体的运动,如果小脑受伤,就会出现运动障碍,比如走路不稳或摔跤等。

2. 脊髓　脊髓是较低级的中枢。

脊髓位于脊椎管内,呈圆柱状,前端经枕骨大孔与延髓相连,后端至荐骨中部。按脊髓所在的位置分为颈、胸、腰和荐四段,颈、胸交界的脊髓比较粗称为颈膨大,由此发出支配前肢的神经;腰、荐交界处也比较粗称为腰膨大,由此发出支配后肢的神经。腰膨大之后则逐渐缩小呈圆锥状,称为脊髓圆锥,向后伸出细丝,称为终丝。终丝与其左右两侧的神经根聚集成马尾状,合称马尾。

脊髓两侧发出成对的脊神经根,每一脊神经根又分为背根和腹根。较粗的背根上有一膨大部,称为脊神经节,是感觉神经元的胞体所在处,在此发出感觉神经纤维,专管感觉,又称为感觉根;腹根是由腹角运动神经元发出运动神经纤维,专管运动,称为运动根。背根和腹根在椎间孔处合并为脊神经出椎间孔。

脊髓中央为灰质,切面呈蝴蝶形,颜色较深;外周为白质,颜色较浅。在灰质中央有一个脊髓中央管(图 2-65)。

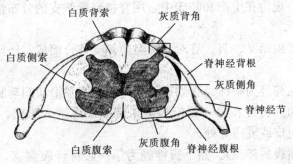

图 2-65 脊髓横断面

灰质背角内有联络神经元的细胞体，腹角内有运动神经元的细胞体，在胸腰段脊髓的侧角内还有交感神经元的细胞体。

白质由神经纤维构成，主要有感觉神经元发出的上行纤维束、运动神经元发出的下行纤维束、联络神经元的上行纤维束和来自大脑与脑干中间神经元的下行纤维束。一般靠近灰质柱的白质都是一些短的纤维，主要联络各段的脊髓，称为脊髓固有束。

3. 脑脊膜和脑脊液

（1）脑脊膜。脑脊膜是包在脑和脊髓表面的外膜，由 3 层构成，由外向内依次为硬膜、蛛网膜和软膜。它们有保护、支持脑和脊髓的作用。

硬膜是一层较厚而坚韧的致密结缔组织。在脑部，脑硬膜紧贴颅腔壁，无间隙。脊髓部分的脊硬膜与椎管内面骨膜之间形成的腔隙称为硬膜外腔，腔内充满大量的脂肪和疏松结缔组织。兽医临床上常用硬膜外腔麻醉的方法麻醉脊神经根。硬膜与蛛网膜之间的腔隙称为硬膜下腔。

蛛网膜薄而透明，位于硬膜的深面。蛛网膜与软膜间的腔隙称为蛛网膜下腔，内有脑脊液。

软膜薄而富有血管，紧贴于脑和脊髓表面，分别称为脑软膜和脊软膜。软膜上的毛细血管突入各脑室腔内形成脉络丛，可产生脑脊液。

（2）脑脊液。脑脊液是充满脑室、脊髓中央管及蛛网膜下腔的透明液体。脑脊液的主要作用是维持脑组织渗透压和颅内压的相对恒定；保护脑和脊髓免受外力的震荡；供给脑组织的营养；参与代谢产物的运输等。

（二）外周神经系统

外周神经系统是神经系统的外周部分，即除脑、脊髓以外，所有神经干、神经节、神经丛及神经末梢的总称。

外周神经可分为脑神经、脊神经和植物性神经。

1. 脑神经 共有 12 对，大多数从脑干发出。脑神经按其所含纤维传递功能不同，分为感觉性、运动性和混合性 3 类。其中第 10 对脑神经为迷走神经，是广泛分布到内脏器官、腺体中的副交感神经纤维。

2. 脊神经 脊神经是由背根（感觉根）和腹根（运动根）汇合而成。脊神经都是混合神经。按照从脊髓发出的部位分颈神经、胸神经、腰神经、荐神经和尾神经。

脊神经出椎间孔后，分为背侧支和腹侧支。背侧支较细，分布于脊柱背侧，如颈背部、鬐甲、背腰部的皮肤和肌肉；腹侧支较粗，分布于脊柱腹侧（胸腹壁）及四肢的肌肉和皮肤。脊神经分支很广，现将在生产和临床中常用脊神经腹侧支的分布情况介绍如下。

（1）躯干神经。

①膈神经。膈神经由第Ⅴ、Ⅵ、Ⅶ对颈神经腹侧支连合而成，经胸前口入胸腔，沿纵隔后行，分布于膈。

②肋间神经。肋间神经为胸神经腹侧支。在每一肋间隙沿肋间动脉后缘下行，分布于肋间肌。其中最后一对肋间神经在第一腰椎横突末端前下缘进入腹壁，分布于腹肌和腹部皮肤，以及阴囊皮肤、包皮或乳房等处。

③髂下腹神经（髂腹后神经）。髂下腹神经为第一腰神经腹侧支。经过第二、三腰椎横突之间进入腹壁肌肉，分布于腹肌和腹部皮肤（图 2-66）。

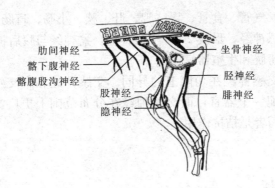

图 2-66 牛的腹壁及后肢神经

④髂腹股沟神经。髂腹股沟神经为第二腰神经的腹侧支。沿第四腰椎横突末端的外侧缘延伸于腹肌之间，分布于腹肌、腹壁和股内侧皮肤。

(2) 前肢神经。前肢神经是分布于前肢的神经，由臂神经丛发出，位于肩关节内侧。由此丛发出的神经有肩胛上神经、肩胛下神经、腋神经、桡神经、尺神经和正中神经等。其中正中神经是前肢最长的神经，由臂神经丛向下伸延到蹄。

(3) 后肢神经。后肢神经是分布于后肢的神经，由腰荐神经丛发出。腰荐神经丛由后三对腰神经及前两对荐神经的腹侧支构成，位于腰荐部腹侧。由腰荐神经丛发出的神经有股神经、坐骨神经、胫神经、腓神经、跖内侧神经和跖外侧神经。

3. 植物性神经 植物性神经主要分布到内脏，故又称为内脏神经。植物性神经也是由感觉（传入）神经和运动（传出）神经组成，但通常所讲的植物性神经是指其运动神经。植物性神经又可分为交感神经和副交感神经（图 2-67）。与躯体运动神经不同，植物性神经从中枢发出后并不直达效应器，而是在植物性神经节内交换神经元后，由节后神经连接到效应器。所以植物性神经节有交感神经节和副交感神经节两种。

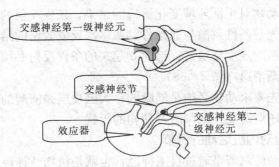

图 2-67 植物性神经构造

(1) 交感神经。交感神经的第一级神经元（即中枢部）位于胸腰段脊髓灰质侧角中，外周部分包括交感神经干、神经节（脊椎两侧椎神经节和椎下神经节）和神经丛等。节后纤维主要分布在内脏器官、血管、汗腺及竖毛肌等处。

(2) 副交感神经。副交感神经的第一级神经元位于脑干和荐部脊髓。节后神经元位于器官内或器官附近。由脑干发出的副交感神经与某些脑神经一起行走，分布到头、颈和胸腹腔器官。其中迷走神经是体内行程最长、分布最广的混合神经。它由延髓发出，出颅腔后行，在颈部与交感神经干形成迷走交感干，经胸腔至腹腔，伴随动脉分布于胸腹腔器官。其节后纤维主要分布于咽、喉、气管、食管、胃、脾、肝、胰、小肠、盲肠及大结肠。

从荐部发出的副交感神经，形成2~3支盆神经。盆神经与腹后神经一起形成盆神经丛，分布于小结肠、直肠、膀胱和生殖器官。

（3）交感神经与副交感神经在功能上的异同。交感神经和副交感神经都是内脏运动神经，并且多数是共同支配一个器官，而交感神经在分布范围上更广泛一些，遍及全身的血管、腹腔脏器和皮肤。两者是拮抗作用。

二、神经生理

（一）神经的传导机能

1. 突触的概念 广义地说，突触就是神经元之间或神经元与效应器之间传递信息的结构，是细胞间传递信息的主要形式。

2. 突触传递 当动作电位传至轴突末梢时，神经末梢就会释放化学物质，这些化学物质称为神经递质。递质经突触间隙扩散到突触后膜，与后膜的受体结合产生动作电位，并沿轴突传导，传至整个突触后神经元，表现为突触后神经元的兴奋，此过程称为兴奋性突触传递。还有一种过程是，当神经末梢释放化学递质时，使后膜两侧的电位差增大，即抑制性突触后神经元发生动作电位，这个过程称为抑制性突触传递。

（二）神经系统的调节方式

神经系统对机体的调节方式是反射。所谓反射就是机体在中枢神经参与下，对机体内、外环境的刺激做出的适应性反应。反射活动是通过反射弧来完成的，反射弧由感受器、传入神经、中枢、传出神经、效应器等五部分组成。

动物机体有两种类型的反射，一种是非条件反射，另一种是条件反射。非条件反射是动物生来就具备的，有固定的反射弧，如采食、饮水等；条件反射是动物出生后，环境条件变化刺激大脑皮层在非条件反射基础上所形成的特有反射形式。

条件反射的建立是动物对生活环境变化适应的结果，条件反射的形成需要如下条件。

①在刺激方面。首先是条件刺激与非条件刺激多次反复紧密的结合；条件刺激必须在非条件刺激之前出现；刺激的强度要适宜；已建立起来的条件反射必须用非条件刺激去强化巩固，否则条件反射会逐渐消退（图2-68）。

②在机体方面。首先要求动物必须是健康的；大脑皮层是清醒的，有病或昏睡状态的动物不易形成条件反射；还应避免其他刺激对动物的干扰。

（三）中枢神经系统对内脏活动的调节

神经系统对内脏活动的调节是通过自主神经，也就是植物性神经来完成的。

1. 植物神经的机能 植物神经的机能在于调节平滑肌、心肌和腺体（消化腺、汗腺及内分泌腺）的活动。内脏器官一般是受交感神经和副交感神经的双重支配，这两种神经对同一内脏器官的调节作用既是相反的，又互相协调统一。

（1）交感神经机能。交感神经的机能活动一般比较广泛，主要作用在于促使机体适应环境的急骤变化（如剧烈运动、窒息和大失血等）。交感神经兴奋可使心脏活动加强，心率加快，皮肤与腹腔内脏血管收缩，促进大量的血液流向脑、心和骨骼肌；使肺活动加强、支气管扩张和肺通气量增大；使肾上腺素分泌增加，抑制消化及泌尿系统的活动。

（2）副交感神经机能。副交感神经活动比较局限，主要在于使机体休整，促进消化、贮

图 2-68 条件反射的形成

存能量以及加强排泄,提高生殖系统功能。这些活动有利于营养物质的同化,增加能量物质在体内的积累,提高机体的储备力量。

2. 植物性神经末梢的兴奋传递

(1) 植物性神经的化学递质。植物性神经末梢的兴奋传递与躯体运动神经末梢兴奋传递一样,都是通过神经末梢释放某些化学递质来实现的。副交感神经节的节后纤维末梢所释放的化学递质是乙酰胆碱。交感神经极少数释放乙酰胆碱,多数释放去甲肾上腺素。

胆碱能纤维就是能释放乙酰胆碱的神经纤维,主要包括副交感神经纤维、躯体运动神经纤维和少数的交感纤维。肾上腺素能纤维就是能释放去甲肾上腺素的神经纤维,主要包括大部分交感神经纤维末梢。

(2) 受体。凡是能与乙酰胆碱结合的受体称为胆碱能受体,主要分为毒蕈碱型受体(M)和烟碱型受体(N)。凡是能与去甲肾上腺素或肾上腺素结合的受体均称为肾上腺能受体,主要分为 α 型受体和 β 型受体等。

(3) 递质的灭活。在正常情况下,从神经末梢释放的递质一方面作用于受体,另一方面又被各自相应的酶所破坏或移除。如乙酰胆碱在几毫秒内,即被组织中的胆碱酯酶所破坏。去甲肾上腺素大部分被重新吸收回轴浆中,小部分被组织中的儿茶酚胺氧位甲基移位酶破坏。其重新被吸收和破坏的速度比较缓慢,所以交感神经发挥效应的时间较长。

> **小贴士**
>
> 动物发生有机磷酸酯类中毒时，有机磷能够与机体中的乙酰胆碱酯酶结合，从而抑制了胆碱酯酶的活性，造成组织中乙酰胆碱的积聚，引起胆碱能受体活性紊乱，而使有胆碱能受体的器官功能发生障碍。治疗时应先注射阿托品，这是因为阿托品有阻断乙酰胆碱对副交感神经和中枢神经系统毒蕈碱受体的作用，对缓解毒蕈碱样症状和对抗呼吸中枢抑制有效，能兴奋呼吸中枢，解除平滑肌痉挛，抑制支气管分泌，以保持呼吸道的通畅，防止发生肺水肿。

三、感觉器官——眼

眼的功能是感受光线刺激产生视觉。眼由眼球和眼的辅助装置构成（图2-69）。

（一）眼球

眼球由眼球壁、折光装置构成。

1. 眼球壁

（1）外膜（纤维膜）。外膜由角膜、巩膜构成。角膜无色透明，富含感觉神经末梢，无血管。巩膜白色不透明，坚韧而厚，具有保护作用。

（2）中膜（血管膜）。中膜富含血管和色素，有供给营养、吸收散光的作用。血管膜由虹膜、脉络膜、睫状体构成。虹膜位于眼球前部，形如圆盘，中央有圆孔为瞳孔；脉络膜紧贴于巩膜内面，是一层柔软而富含有血管、色素的膜；睫状体是血管膜增厚的部分，位于角膜与巩膜交界处的内侧，由许多平滑肌构成。睫状体有产生房水、调节视力的作用。

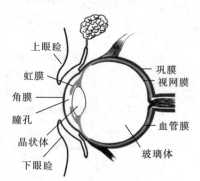

图2-69 眼球构造

（3）视网膜。视网膜由虹膜部、视部构成。虹膜部紧贴于虹膜，位于睫状体的内面，无感光作用，称为盲部。视部衬贴于脉络膜里面，含有感光细胞，有感光作用。感光细胞有两种，一种是视锥细胞，对强光、有色光敏感；一种是视杆细胞，对弱光敏感。视网膜神经细胞的轴突汇集于视乳头，形成视神经的起始部。

2. 折光装置 包括眼房水、晶状体、玻璃体。

（1）眼房水。眼房水为无色透明的液体，充满于眼房内。眼房是位于晶状体与角膜之间的腔隙，它被虹膜分为前房、后房，两房经瞳孔相通。

（2）晶状体。晶状体位于虹膜后方，形如双凸的透镜，无色透明而有弹性。其周围有睫状小带连于睫状体上，借睫状肌的收缩调节晶状体表面的曲度。

（3）玻璃体。玻璃体是无色透明的胶状物质，充满晶状体与视网膜之间，能曲折光线。

（二）眼球的辅助装置

1. 眼睑 眼睑俗称眼皮，为覆盖在眼球前方的皮肤褶，有保护作用。眼睑分为上、下眼睑，游离缘上具有睫毛。

2. 结膜 结膜是位于眼球与眼睑之间的一层薄膜，呈淡红色。分为睑结膜、球结膜，两者之间形成结膜囊。位于眼内角的结膜褶称为第三眼睑（也称为瞬膜），呈半月形，常有色素，内有一片软骨。

3. 泪器 泪器分为泪腺、泪道两部分。泪腺略呈卵圆形，位于眼球的背侧，有十余条泪道开口于结膜囊，分泌的泪液有湿润、清洁结膜的作用。多余的泪液经骨质的鼻泪孔而至鼻腔，随呼吸排出。

4. 眼肌 眼肌为附着在眼球外面的一组随意肌，使眼球多方向转动。眼肌具有丰富的血管、神经，活动灵活，不易疲劳。

【实验实习与技能训练】

一、脑、脊髓形态构造识别

（一）目的要求
掌握脑和脊髓的形态构造。
（二）材料及设备
脑和脊髓的浸泡标本，脑正中矢状面（显示脑各部构造和脑室）的标本、脑干标本，脑、脊髓形态构造挂图。
（三）方法步骤
1. 脑
（1）脑的外部观察。在脑的背侧面观察大脑半球、小脑半球、蚓部、脑沟、脑回。在脑的腹侧面观察嗅球、视神经交叉、脑垂体、大脑脚、脑桥和延髓等。
（2）脑的各部结构。在脑的正中矢状面上，观察胼胝体、灰质、白质、延髓、脑桥、中脑、间脑及脑室等。
2. 脊髓 在标本上识别脊髓的外部形态和分段，观察背正中沟、腹正中裂、颈膨大、腰膨大、脊髓圆锥和马尾。
（四）技能考核
在牛脑、脊髓标本或模型上，指出脑、脊髓的上述结构。

二、反射弧分析

（一）目的要求
通过实验证明，任何一个反射，只有在反射弧存在并完整的情况下才能实现。
（二）材料及设备
蟾蜍、解剖器械、铁架台、烧杯、滤纸片、纱布、0.5%的硫酸等。
（三）方法步骤
（1）自蛙的鼓膜前缘剪去全部脑髓，使成脊蛙，悬挂在铁架台上，进行实验。
（2）正常反射活动观察，将蛙的一只后腿浸入0.5%的硫酸中，可见有屈腿反射出现。当反射出现后，迅速用清水将后腿皮肤上的硫酸洗净。
（3）用剪刀在同侧后肢股部皮肤做一个切口，并将皮肤剥离，再用上述方法刺激，观察结果。

（4）在另一侧后肢股部背侧，沿坐骨神经的方向将皮肤做一个切口，将坐骨神经分出，并在下面穿一条线，以便将坐骨神经提起，再以同样的方法进行刺激，观察结果。剪断坐骨神经，再将其浸入硫酸中观察反应。

（5）用探针插入另一只青蛙的脊髓，将脊髓破坏，再刺激机体任何部位，观察反应。

（四）技能考核

记录实验结果，并对各结果做出解释。

【复习思考题】

1. 名词解释：神经中枢、灰质、白质、神经核、脑脊液、脑干。
2. 简述神经系统的组成和功能。
3. 简述交感神经与副交感神经的机能。
4. 什么是条件反射？它是怎样形成的？有何实践意义？
5. 支配腹侧壁肌肉的神经有哪些？

课题 10　牛（羊、猪）内分泌系统

课题导航

通过学习本课题，知道激素的概念；知道有机体主要内分泌器官的种类及位置；知道几种重要激素的作用。

一、概述

（一）内分泌的概念

畜体内的腺体分两类，一类有导管，称外分泌腺，如消化腺、汗腺、乳腺等；另一类无导管，称为内分泌腺，其分泌物（激素）直接进入血液或淋巴，随血液循环到全身相应的器官和组织。内分泌系统就是由内分泌腺体、内分泌组织和分散的内分泌细胞组成，它与神经系统相互联系配合，共同调节机体的各种生理功能。

畜体内的内分泌腺主要有脑垂体、甲状腺、甲状旁腺、肾上腺和松果体，此外还有存在于其他器官内具有内分泌功能的细胞群，如胰腺内的胰岛、睾丸内的间质细胞、卵巢内的卵泡细胞和黄体细胞等。

（二）激素的概念和种类

由内分泌腺或散在的内分泌细胞所分泌的高效能的生物活性物质称为激素。激素经过细胞分泌后进入血液或淋巴，通过循环系统运到全身各处，调节细胞、组织或器官的生理活动。常把激素作用的细胞、组织或器官，称为靶细胞、靶组织或靶器官。

体内各种激素按其化学本质分为两大类。一类是多肽类激素，如脑垂体、甲状腺、甲状旁腺、胰岛和肾上腺髓质的分泌物。这类激素容易被胃肠道的消化酶分解破坏，因此不宜口服，应用时必须注射；另一类是类固醇激素，如肾上腺皮质和性腺所分泌的激素。这类激素可口服。目前许多激素已经能提纯或人工合成，并应用于畜牧生产和兽医治疗中。

(三) 激素的作用特点

(1) 激素本身不是营养物质，也不能被氧化分解提供能量，它的作用只是促进或抑制靶器官、靶组织或靶细胞原有的功能，使其加快或减慢。

(2) 激素是一种高效能的生物活性物质，在体内含量很少，它们在血液的浓度一般在百分之几微克以下，但对机体的生长发育、新陈代谢都有着非常重要的调节作用。如 $0.1\mu g$ 的肾上腺素就能使血压升高。

(3) 各种激素的作用都有一定的特异性，即某一种激素只能对特定的细胞或器官产生调节作用，但一般没有种间的特异性。

(4) 激素的分泌速度和发挥作用的快慢均不一致。如肾上腺素在数秒钟就能发生效应；胰岛素较慢，需数小时；甲状腺素则更慢，需几天。

(5) 激素在体内通过水解、氧化、还原或结合等代谢过程，逐渐失去活性，不断从体内消失。

二、内分泌腺

(一) 脑垂体

1. 脑垂体的形态位置和构造 脑垂体是体内最大的内分泌腺，位于脑底部的垂体窝内，呈上下稍扁的卵圆形，红褐色。

脑垂体可分为前叶、中叶和后叶。前叶和中叶由腺组织构成，又称为腺垂体；后叶由神经组织构成，又称为神经垂体。

2. 脑垂体的机能

(1) 腺垂体。腺垂体能分泌多种重要激素，如促甲状腺激素、促肾上腺皮质激素、促性腺激素 (包括促卵泡素和促黄体素)、促黑素、促乳素和生长激素。其中前三种分别促进甲状腺、肾上腺皮质和性腺的生长发育以及激素的分泌；促黑素能促进黑色素的合成，以使皮肤和被毛颜色加深；催乳激素促进乳腺发育生长并维持泌乳，刺激促黄体生成激素受体的形成；生长激素能促进骨骼和肌肉的生长，若分泌不足则生长停滞，体躯矮小，形成"侏儒症"。

(2) 神经垂体。神经垂体由神经组织构成，本身不分泌激素。但丘脑下部的某些神经核 (视上核和室旁核) 分泌的抗利尿激素和催产素，沿神经纤维运送到神经垂体并贮存于该处，根据需要释放入血液，发挥其生理效应。

猪甲状腺（高倍）

①抗利尿激素。抗利尿激素的主要生理作用是可促进肾的远曲小管、集合管对水分的重吸收，使尿量减少。由于抗利尿激素可使除脑、肾外的全身小动脉收缩而升高血压，故又称加压素。但由于它也可使冠状动脉收缩，使心肌供血不足，临床上不用来作为升压药。

②催产素（子宫收缩素）。催产素能促进妊娠末期子宫收缩，因而常用于催产和产后止血。此外，它还能引起乳腺导管平滑肌收缩，引起泌乳。

(二) 甲状腺

1. 甲状腺的位置、形态和构造 甲状腺位于喉后方，气管前端两侧和腹面，呈红褐色。

甲状腺分左右两侧叶和中间的峡部。

2. 甲状腺的生理机能　甲状腺能分泌甲状腺素和降钙素。

（1）甲状腺激素。甲状腺激素由甲状腺腺泡分泌，主要作用是促进机体的新陈代谢及生长发育。

甲状腺激素可加速组织细胞内各种营养物质的氧化分解和合成，促进机体的新陈代谢和生长发育。特别影响幼畜的骨骼、神经和生殖器官的生长发育。实验证明，切除幼畜甲状腺，不但生长停滞，体躯矮小，而且反应迟钝，形成"呆小症"。

（2）降钙素。降钙素由甲状腺内滤泡旁细胞分泌，有增强成骨细胞活性，促进骨组织钙化和降低血钙的作用。

（三）甲状旁腺

1. 甲状旁腺的位置、形态　甲状旁腺多位于甲状腺附近，很小，呈圆形或椭圆形。

2. 甲状旁腺的生理机能　甲状旁腺分泌的甲状旁腺素，主要作用是调节血钙浓度。

（1）在维生素 D 存在的情况下，可促进小肠对钙的吸收。

（2）刺激破骨细胞的活动，使骨骼中磷酸钙溶解并转入血液中，以补充血磷，提高血钙含量。

（3）促进肾小管对钙的重吸收和对磷的排泄（即"保钙排磷"），使血钙浓度升高，血磷浓度降低。

甲状旁腺素升高血钙的作用与甲状腺滤泡旁细胞分泌的降钙素降低血钙的作用，有着密切的关系，两者分泌也都受着血钙浓度的调节。

肾上腺（皮质）

（四）肾上腺

1. 肾上腺的位置、形态和构造　肾上腺是成对的红褐色腺体，位于肾前侧，紧邻腹主动脉。

2. 肾上腺的生理机能

（1）肾上腺皮质激素。肾上腺皮质激素包括盐皮质激素、糖皮质激素和性激素。

①盐皮质激素。盐皮质激素以醛固酮为代表，这类激素主要参与体内水盐代谢的调节。它可促进肾小管对钠的重吸收和对钾的排泄，因此有"保钠排钾"的作用。

②糖皮质激素。糖皮质激素主要是氢化可的松，其次有少量皮质酮。其主要作用是促进糖的代谢。一方面，它可促进糖的异生作用；另一方面，抑制组织细胞对血糖的利用。因此，糖皮质激素有升高血糖、对抗胰岛素的作用。同时糖皮质激素可促进脂肪的分解，促进肌肉等组织蛋白质的分解。所以，大量使用糖皮质激素，可引起生长缓慢、机体消瘦、皮肤变薄、骨质疏松、创伤愈合迟缓等现象。另外，糖皮质激素还有抗过敏、抗炎症、抗毒素的作用。

③性激素。性激素包括雄性激素和雌性激素，正常情况下分泌很少，不会对机体产生影响。

（2）肾上腺髓质激素。肾上腺髓质激素包括肾上腺素和去甲肾上腺素两种激素，它们的生理机能基本相同，均有类似交感神经兴奋的作用，但也有某些差别。

①对心脏和血管的作用。肾上腺素和去甲肾上腺素都能使心跳加快、血管收缩和血压上升。在临床上，由于肾上腺素有较好的强心作用，所以常用作急救药物。去甲肾上腺素可使小动脉收缩，增加外周阻力使血压升高，因此是重要的升压药。

②对平滑肌的作用。肾上腺素能使气管和消化道平滑肌舒张，胃肠运动减弱。此外，肾

上腺素还可使瞳孔扩大及皮肤竖毛肌收缩,被毛竖立。去甲肾上腺素也有这些作用,但较弱。

③对代谢的作用。两者均能促进肝和肌肉组织中糖原分解为葡萄糖,使血糖升高。能促进脂肪的分解。

④对神经系统的作用。两者均能提高中枢神经系统的兴奋性,使机体处于警觉状态,以利于应付紧急情况。

> **小贴士**
>
> 动物在遇到特殊紧急情况时,可引起交感-肾上腺髓质系统兴奋,使肾上腺素和去甲肾上腺素分泌增多,导致一系列器官系统发生变化:中枢神经系统兴奋,反应灵敏;呼吸加快加强,心跳加快,心输出量增加,血压升高,血液循环加快,骨骼血管舒张,全身血液重新分配;促进肝糖原和脂类分解,增加血糖和血浆脂肪酸水平,葡萄糖和脂肪酸氧化过程增强,增加组织的耗氧量,提高基础代谢率,以适应紧急状态下对能量的需求。

(五)胰腺内的内分泌组织——胰岛

胰岛是分散于胰腺中大小不等的细胞群,主要有 A 和 B 细胞两种。A 细胞分泌胰高血糖素,B 细胞分泌胰岛素。

1. 胰岛素 胰岛素的作用主要有以下 3 个方面。

(1) 促进肝糖原生成和葡萄糖分解,以及促进糖转变为脂肪,从而使血糖降低。因此,胰岛素分泌不足时,血糖升高,当超过肾糖阈时,则大量的血糖从尿中排出,导致依赖性糖尿病。

(2) 促进脂肪的合成,抑制脂肪的分解,使血中游离脂肪酸减少。因此,胰岛素分泌不足时,脂肪即大量分解,血内脂肪酸增高,在肝内不能充分氧化而转化为酮体,出现酮血症并伴有酮尿,严重时可导致酸中毒和昏迷。

(3) 促进蛋白质合成,抑制蛋白质分解。

2. 胰高血糖素 胰高血糖素的作用与胰岛素相反。

(1) 促进糖原分解,促进糖异生,升高血糖。

(2) 促进脂肪分解,促进脂肪酸氧化,使酮体增多。

(六)性腺内的内分泌组织

性腺是雄性的睾丸和雌性的卵巢的总称。睾丸可分泌雄性激素,卵巢可分泌雌性激素。性激素对于家畜的生长、发育、生殖和代谢等方面都起着十分重要的作用。

1. 雄激素 雄激素由睾丸间质细胞分泌,主要成分是睾酮,其主要机能如下。

(1) 促进雄性生殖器官(前列腺、精囊腺、尿道球腺、输精管、阴茎和阴囊)的生长发育,并维持其成熟状态。

(2) 刺激公畜产生性欲和性行为。

(3) 促进精子的发育成熟,并延长精子在附睾内的贮存时间。

(4) 促进雄性动物特征的出现,并维持其正常状态。

(5) 促进蛋白质的合成,使肌肉和骨骼比较发达,并使体内贮存脂肪减少。

(6) 促进公畜皮脂腺的分泌增强，特别是公羊和公猪比较明显。

2. 雌激素 雌激素由卵巢内卵泡细胞分泌，其中作用最强的是雌二醇。其主要生理作用如下。

(1) 促进母畜生殖器官的生长发育。

(2) 促进雌性动物特征的出现，并维持其状态。

(3) 促进母畜发情。

(4) 刺激母畜发生性欲和性兴奋。

3. 孕激素 孕激素由排卵后的卵泡形成的妊娠黄体细胞所分泌，又称为孕酮。孕酮的主要机能如下。

(1) 在雌激素作用的基础上，进一步促进排卵后子宫内膜的增厚（血管和腺体增生），腺体分泌子宫乳，为受精卵在子宫种植和发育准备条件。

(2) 抑制子宫平滑肌的活动，为胚胎创造安静环境，故有保胎作用。

(3) 在雌激素作用的基础上，进一步刺激乳腺腺泡的生长，使乳腺发育完全，准备泌乳。

4. 松弛素 松弛素由妊娠末期的黄体分泌，至分娩时大量出现，分娩后随即消失。松弛素的生理机能是扩张产道，使子宫和骨盆联合韧带松弛，便于分娩。

【实验实习与技能训练】

主要内分泌腺的形态、位置观察

（一）目的要求

在新鲜标本上，识别甲状腺、肾上腺。

（二）材料及设备

牛或羊的尸体标本、解剖器械。

（三）方法步骤

在牛或羊的尸体标本上找到气管，在前3~4个气管环的两侧和腹侧找到甲状腺；在肾的内侧前缘找到肾上腺。

（四）技能考核

在牛或羊的标本上，准确找到甲状腺和肾上腺。

【复习思考题】

1. 简述激素的概念及其作用特点。
2. 腺垂体内分泌哪些激素？有何作用？
3. 神经垂体内贮存哪些激素？有何作用？
4. 简述下列激素的机能：

甲状腺激素　降钙素　甲状旁腺素　糖皮质激素　盐皮质激素　肾上腺素　去甲肾上腺素　胰岛素和胰高血糖素

课题11 牛(羊、猪)体温

> **课题导航**
> 通过学习本课题,知道牛、羊、猪的正常体温,以及动物机体散热的主要途径和方式。

一、正常体温

所谓体温就是机体的温度,体温由机体在新陈代谢过程中所产生的热量维持。由于机体内各器官新陈代谢强度不同,动物体各部分的温度并也不完全相同。机体内部的温度一般比体表的温度高些。在实际工作中,一般都是以测量直肠的温度作为畜体深部的体温指标。常见动物的正常体温见表2-5。

表2-5 常见动物的正常体温

畜别	体温/℃	畜别	体温/℃
黄牛	37.5~39.0	绵羊	38.5~40.5
水牛	37.5~39.5	山羊	37.6~40.0
奶牛	38.0~39.3	猪	38.0~39.5

此外,畜体的体温还因个体、品种、年龄、性别及环境温度、活动状况等因素的不同而不同。一般来讲,幼龄动物的体温比成年动物的高些;雄性动物的比雌性动物的高,但雌性动物在发情、妊娠等时期的体温又比平常要高一些。正常情况下,畜体的温度一般白天比夜间高,而早晨最低。如牛的体温昼夜间的差异为0.5℃左右,长期在外放牧的绵羊昼夜温差则为1℃左右。

二、体温相对恒定的意义

在正常情况下,畜体温度是相对恒定的。体温的相对恒定是保证畜体新陈代谢和各种功能活动正常进行的一个重要条件。因为代谢过程中都需要酶的参与,而酶活动最适宜的温度是37~40℃。过高或过低的温度都会影响酶的活性,甚至使其活性丧失,引起代谢紊乱,危及生命。体温的变化对中枢神经系统的影响特别显著,如高热时,中枢神经的功能就会发生紊乱。所以在兽医临床上,体温往往作为畜体健康状况的一个重要标志。

三、机体的产热过程和散热过程

家畜体温的相对恒定,是机本内产热与散热两个过程取得动态平衡的结果。

(一)产热

机体在新陈代谢过程中一切组织和器官都在不断地产生着热量,但由于营养物质在不同组织器官中氧化分解的强度不同，因而产生的热量也就不同。在整个机体内，肌肉、肝、腺体产生的热量最多，特别是骨骼肌，动物在工作时肌肉的产热量占机体总产热量的2/3以上。剧烈运动时的产热量还要增加4~5倍之多。此外，草食动物的饲料在消化管内消化过程中也产生大量的热量，这也是体热的一个主要来源。还有一些外界因素，如热的饲料、饮温水、外环境温度增高等，都可以成为体热的一部分来源。

（二）散热

机体在不断产生热量的同时，必须不断地将所产生的热量发散掉，这样才能维持体温的相对恒定。机体主要通过皮肤、呼吸道、排粪、排尿的途径来散热。其中以皮肤散热为主。机体通过皮肤散热的方式有以下4种。

1. 辐射 辐射是机体以红外线的方式直接将热量散放到环境中去的散热方式。体表的温度与周围的空气或环境物体之间的温度差异越大，辐射所能散发的热量就越多。因此，低温的空气及寒冷的地面，都可增加机体的辐射散热。反之，如环境温度超过体表温度，畜体不仅不能利用辐射散热，反而会吸收环境的热而使体温升高。

2. 传导 传导是机体靠与较冷物体接触而将体热传出的一种散热方式。动物本身就是热导体，体热是通过血液循环传导至皮肤表面的，然后再由皮肤传给所接触的物体。与皮肤接触的物体导热性越好，温度越低，传导所散失的热量就越多。

3. 对流 对流是机体靠周围环境的冷热空气的流动将体热散失的一种散热方式。动物体周围与体表接触的空气，由于受到体热的加温密度变小而逐渐地上升，被较冷空气取而代之。这样冷热空气的不断对流就把动物的体热给带走了。影响这一散热方式的因素主要是空气的流动速度及其温度的高低。在一定限度内，对流速度（风速）越大，散热也就越快。

4. 蒸发 蒸发是当机体所处环境的温度等于体温或超过体温时，机体通过皮肤表面水分的蒸发和呼吸道呼出水蒸气而将体热散发的散热方式。1g水分在蒸发时，可以散失2.43kJ的热量，所以汗腺发达的家畜，出汗是一个很重要的散热途径。汗腺不发达的家畜则可通过呼吸道内水分的蒸发来散热。

当外界气温高于体表温度时，蒸发散热成为唯一的散热方式。

四、体温的调节

畜体通过神经调节和体液调节，使体内的产热过程和散热过程保持着动态平衡，从而维持着体温的恒定。

（一）体温调节中枢

体温调节中枢在下丘脑。下丘脑前区和视前区存在着热敏感神经元和少数的冷敏感神经元。当热敏感神经元兴奋时，可使机体的散热量加强；而冷敏感神经元兴奋时，会引起机体的产热反应加强。由这两种神经元共同构成了机体的体温调节中枢。

动物体的体温之所以能保持在一个稳定范围内，还由于下丘脑的体温调节中枢存在着调定点，调定点的高低决定着体温的高低。视前区—下丘脑前区的热敏感觉神经元就起调定点的作用。热敏神经元对温热的感受有一定的阈值，这个阈值就称为该动物的体温稳定调定点。当中枢的温度升高时热敏感神经元冲动发放的频率就增加，使散热增加，反之则发出的冲动减少，产热增加。从而达到调节体温的作用，使体温保持了相对恒定。

（二）体温调节的过程

正常情况下，当体内、外温度降低时，皮肤、内脏的温度感受器接受刺激发出神经冲动，并沿着传入神经到达下丘脑的热敏感神经元，或血液温度降低直接刺激热敏感神经元和冷敏感神经元，分别使其抑制和兴奋，从而共同作用于下丘脑的体温调节机构。此时，皮肤的血管收缩，减少皮肤的直接散热；全身骨骼肌紧张度增强，发生寒战，同时在中枢的支配下还能促进肾上腺素和甲状腺素分泌的增加，使机体的代谢增强，产热量增加。另外动物行为方面会表现出被毛竖立，采取蜷缩姿态等来减少散热。反之，当外界环境升高时，则可引起皮肤血管舒张、汗腺分泌增加，而增加散热。同时肌肉紧张度降低，物质代谢减弱，降低了产热过程。

【实验实习与技能训练】

牛的体温测定

（一）目的要求
掌握牛体温的测定方法。

（二）材料设备
牛、保定器械、体温计。

（三）方法步骤
将体温计中的水银柱甩至35℃以下，并在外面涂以少量的润滑油，用左手提起尾根，右手持体温计旋转插入直肠中，并用铁夹固定体温计，3～5min后取出、读数，记录该动物的体温。

【复习思考题】

1. 什么是体温？常用什么方法测量体温？
2. 写出牛、羊、猪、犬、鸡、马、驴等畜禽的正常体温变动范围。
3. 简述参与畜禽体温调节的主要因素，并举例说明是如何调节的。
4. 体温恒定对机体有何意义？

单元三

犬、猫解剖生理特征

单元导航

通过学习本单元，了解犬、猫骨骼、肌肉、皮肤及皮肤衍生物的形态结构特点，犬、猫消化、呼吸、泌尿、生殖各系统的组成和生理特点，以及其生活习性；掌握犬、猫内脏主要器官的位置、形态结构特点。

犬属于肉食动物，经人类长期驯养后，变成了以肉食为主的杂食动物。犬的汗腺不发达，主要靠呼吸调节散热。犬对环境的适应能力很强，能耐受寒冷的气候。犬具有猛烈攻击与胆怯多疑的双重性，易于驯服。犬喜欢与人为伴，对主人非常忠诚，是常见的伴侣动物和观赏动物。

猫也属肉食动物，喜孤独而自由的生活，极少群栖（除在发情交配和哺乳期外），且以食物来源而居，一般无特定的主人和永久栖息地。喜爱明亮干燥的环境，适应性较强。

课题1 犬、猫骨骼、肌肉与被皮

（一）骨骼

犬、猫的全身骨骼分为头骨、躯干骨、前肢骨和后肢骨，在结构组成上与牛、猪等相似（图3-1、图3-2）。与牛相比，犬、猫头骨没有闭合的骨质眼眶，在临床上，有些短头犬容易出现眼球脱出的问题。犬、猫腰椎发达，有7块，关节灵活。犬和猫的腕骨、掌骨、指骨以及后肢的跗骨、跖骨和趾骨都比牛发达。腕骨有7块，掌骨有5块。犬有5指，第一指由2块指节骨组成，行走时不着地。其余各指均着地，有3块指节骨。远指节骨短，末端有爪突，又称为爪骨。跗骨有7块，跖骨有5块，第

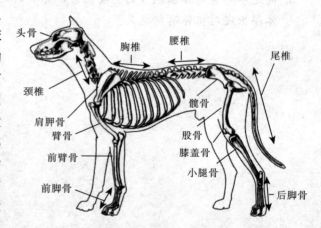

图3-1 犬的全身骨骼

一跖骨小。犬、猫都有4个趾,第一趾退化。

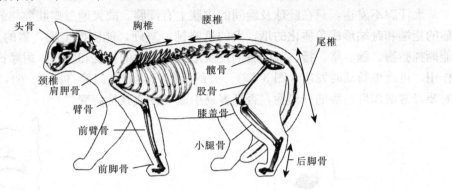

图3-2 猫的全身骨骼

(二) 肌肉

犬、猫的肌肉在组成上与牛相似。皮肌较发达,覆盖全身大多数部位。颈皮肌发达,分为浅深两层;肩臂皮肌为膜状,缺肌纤维;躯干皮肌十分发达,几乎覆盖整个胸、腹部,并与后肢筋膜相延续。全身肌肉发达,耐久性好(图3-3、图3-4)。

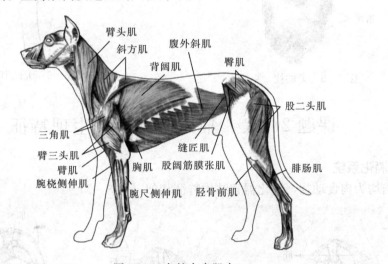

图3-3 犬的全身肌肉

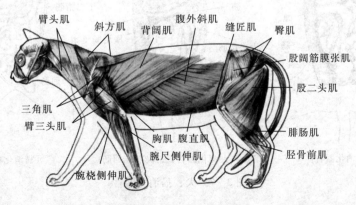

图3-4 猫的全身肌肉

(三)犬、猫被皮系统的特点

犬汗腺不发达,只在趾球及趾间的皮肤上有汗腺,故犬通过皮肤散热的能力较差。犬和猫的指端和趾端形成角质化的爪,犬的爪略钝,坚硬,能刨挖土壤,猫的爪呈钩状,锋利,能撕抓猎物。腕、掌、指、趾的腹侧皮肤形成角质化的指枕和腕枕,耐摩擦且有很好的缓冲作用,可减少行动时发声(图3-5)。犬的肛门两侧有肛门腺(图3-6),分泌旺盛,养犬时要经常清理肛门腺的分泌物,否则容易引起炎症或其他病变。

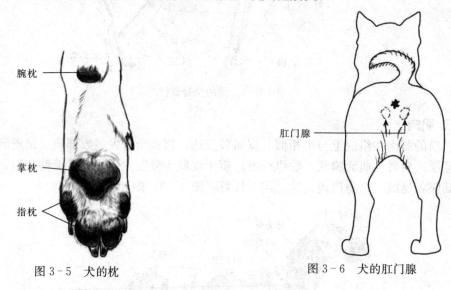

图3-5 犬的枕 　　　　图3-6 犬的肛门腺

课题2 犬、猫内脏的解剖生理特征

(一)消化系统

犬、猫均为肉食动物,消化器官结构特征相似(图3-7)。

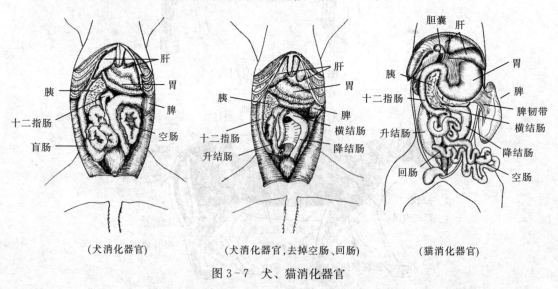

(犬消化器官)　　(犬消化器官,去掉空肠、回肠)　　(猫消化器官)

图3-7 犬、猫消化器官

1. 口腔 犬口裂大，唇薄而灵活，有触毛，上唇有中央沟或中央裂，下唇常松弛。上唇与鼻端间为鼻镜，鼻镜呈暗褐色、无毛、光滑湿润。颊部松弛，颊黏膜光滑有色素。硬腭前部有切齿乳头，软腭较厚。舌呈长条状，前部薄后部厚，活动灵活，舌背正中沟明显。

犬齿尖而锋利，第四上臼齿、第一下后臼齿特别发达，称为裂齿，撕裂食物的能力较强。犬齿大而尖锐并弯曲成圆锥形，上犬齿与隅齿间的间隙明显，可容受闭嘴时的下犬齿。犬的臼齿数目常有变动。

猫的口腔较窄，上唇中央有一条深沟直至鼻中隔，上、下唇均有一系带与上、下颌相连。上唇两侧有猫特殊的感觉器官——较长的触毛。猫舌薄而灵活，中间有一条纵向浅沟，表面有许多粗糙的丝状乳头，其尖端向后，主要分布在舌中部。乳头非常坚固，似锉刀样，可舔食附着在骨上的肌肉。

犬、猫唾液腺发达，包括腮腺、颌下腺、舌下腺和眶腺。眶（或颧）腺位于翼腭窝前部，开口于最后上臼齿附近。

2. 咽和食管 犬和猫的咽腔狭窄，咽壁黏膜向咽腔凸出。食管管腔呈前窄后宽状，狭窄部为食管峡，该部黏膜隆起，内有黏液腺。颈后段食管偏于气管左侧。食管壁肌层全部为横纹肌。猫食管可反向蠕动，能将囫囵吞下的大块骨头和有害物呕吐出来。

3. 胃 犬属单室胃，容积较大，呈长而弯曲的梨形。左侧胃底部和贲门部较大，呈圆囊形，位于左季肋部；右侧部和幽门部比较细，呈圆管形，位于右季肋部。犬胃的贲门腺区面积较小，呈环带状，围于贲门稍后的内壁；胃底腺区黏膜很厚，面积较大，占胃黏膜面积的2/3；幽门腺区黏膜较薄。大网膜特别发达，从腹面完全覆盖肠管。

猫也是单室胃，呈弯曲的囊状，左端宽，右端窄。位于腹前部、肝和膈之后，大部分偏于左侧。胃以贲门通食管，幽门接十二指肠。幽门处黏膜突入肠腔形成幽门瓣。猫胃胃腺极发达，分泌盐酸和胃蛋白酶，能消化吞食的肉和骨头。

猫的大网膜非常发达，从胃大弯连到十二指肠，脾、胰均连在大网膜上。发达的大网膜如被套一样覆盖在大、小肠上，起固定和保护内脏的作用。因此猫在激烈地跳跃时，内脏能够不晃动。大网膜厚厚的脂肪层，还具有保温作用。

4. 肠 犬和猫的肠管形态结构相似。肠管由总肠系膜悬挂于腰椎和荐椎腹侧。分小肠和大肠，比较短。十二指肠腺位于幽门附近，后段有胆管和胰腺大管的开口。空肠位于腹腔左后下方，形成多个肠袢。回肠短，末端为较小的回盲瓣。盲肠位于右髂部，呈S形，退化明显，盲尖向后。结肠呈U形袢，可分为位于右髂部的升结肠、接近胃幽门部的横结肠及位于左髂部和左腹股沟部的降结肠。直肠壶腹宽大，肛门两侧壁内有肛门腺，分泌物有难闻的异味。

5. 肝和胰 肉食动物肝体积较大，分叶明显。胆囊隐藏在脏面的右外叶和右内叶之间。犬的胰腺小，位于十二指肠、胃和横结肠之间，呈V形，有大小两个胰管，开口于十二指肠。猫的胰腺位于十二指肠弯曲，通过大胰管和副胰管开口于十二指肠。

（二）呼吸系统

1. 鼻 鼻孔呈逗点状，接近鼻中隔处为鼻腔宽广部，狭窄部向后外侧弯曲。鼻腔后部由一横行板分隔成上部的嗅觉部和下部的呼吸部。鼻镜部无腺体，其分泌物来源于鼻腔内的鼻外侧腺。犬嗅觉极灵敏。

2. 咽和喉 犬喉较短，喉口较大，声带大而隆凸。喉侧室较大，喉小囊较广阔，喉肌较发达。喉软骨中甲状软骨短而高,喉结发达,环状软骨极宽广。会厌软骨下部狭窄。猫的喉腔内有前后两对皱褶,前面一对为前庭褶(假声带),猫持续发出低沉的"呼噜呼噜"的声音与此有关;后一对为声褶,与声韧带、声带肌共同构成真正的声带,是猫的发音器官。

3. 气管和支气管 气管由许多个 U 形的气管软骨环连成圆筒状,末端在心基上方分为左、右支气管经肺门入肺。

4. 肺 犬和猫肺极发达,位于胸腔内纵隔两侧。左右各一,右肺显著大于左肺,肺分 7 叶。右肺分前叶、中叶、后叶和副叶;左肺分前叶、中叶和后叶,其前叶又分前、后两部。在夏季炎热的天气或运动后,犬借助伸舌流涎,张口呼吸等加快散热。

(三)泌尿系统

1. 肾 犬肾呈较大的豆形。右肾位于前 3 个腰椎横突的腹侧,左肾系膜松弛,其位置因胃充满程度不同而出现变动。胃空虚时左肾位于第二至第四腰椎横突的腹侧;胃充满时,左肾前端约与右肾后端对齐。犬肾属于光滑单乳头肾,无肾盏。猫肾是表面平滑的单乳头肾,呈豆形,位于第三至第五腰椎横突腹侧,右肾靠前,左肾靠后。猫肾被膜上有许多特有的被膜静脉。雄猫尿向后排出,猫一昼夜排尿量为 100～200mL。

2. 输尿管、膀胱和尿道 右输尿管略长于左输尿管。犬膀胱较大,尿充盈时膀胱顶端可达脐部,空虚时在骨盆腔内。雄性犬尿道细长,雌性犬尿道较短,末端开口于尿生殖前庭前腹侧壁。

(四)生殖系统

1. 公犬、猫生殖器官特点(图 3-8) 睾丸和附睾成对,位于阴囊内。睾丸呈卵圆形,体积较小,睾丸纵隔发达。附睾较大,紧附于睾丸背外侧。输精管起始端在附睾外侧下方,先沿附睾体伸至附睾头部,又穿行于精索中,进入腹腔后形成较细的壶腹,末端开口于尿道起始部背侧。精索较长,斜行于阴茎两侧,呈扁圆锥形,精索上端无鞘膜环。

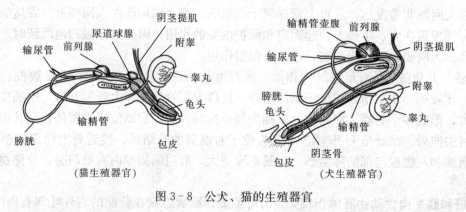

图 3-8 公犬、猫的生殖器官

犬无精囊腺和尿道球腺,仅有较发达的前列腺。前列腺位于耻骨前缘,环绕在膀胱颈及尿道起始部,呈黄色坚实的球状。

犬阴茎结构特殊,被阴茎中隔在正中隔开,中隔前方有棒状的阴茎骨,阴茎后方有一对海绵体。阴茎头很长,包在整个阴茎骨的表面,其前端有龟头球和龟头突,两者均为勃起组织。龟头球在交配时迅速勃起,但交配后需很长时间才能萎缩。包皮呈圆筒状,内有淋巴小结。

犬阴囊位于两股间的后部,常有色素并生有细毛,阴囊缝不太明显。

公猫生殖器官组成与犬相同。猫的副性腺只有前列腺和尿道球腺，无精囊腺。猫的阴囊位于肛门的腹面，中间有一条沟，为阴囊中隔的位置。猫的阴茎短小，呈圆柱形，远端有一块阴茎骨，阴茎头有角质小刺。

2. 母犬、猫生殖器官特点 犬有一对卵巢，位于第三至第四腰椎横突腹侧。一般呈扁平的长卵圆形，体积较小，表面常有突出的卵泡。卵巢在非发情期常隐藏于发达的卵巢囊中。

犬的输卵管比较细小，输卵管伞大部分在卵巢囊内。其腹腔口较大，子宫口很小。

犬的子宫为双角子宫。子宫角细长且无弯曲，子宫体很短，子宫颈较短且与子宫体界限不清。子宫黏膜内有子宫腺，表面有短管状陷窝。

犬的阴道较长，前端稍细，无明显的穹隆。黏膜表面有纵行皱襞。

犬的尿生殖前庭较宽，前腹壁有尿道外口。侧壁黏膜有前庭小腺。

母犬8月龄达性成熟，属季节性一次发情动物，多在春、秋两季发情。性周期180（126～240）d，发情持续时间一般为4～12d。妊娠期59～65d。

犬的其他正常生理指标：体温37.5～39.5℃，心率80～120次/min，呼吸次数15～30次/min。

母猫生殖器官包括卵巢、输卵管、子宫和阴道。子宫属双角子宫，呈Y形。

猫是多产动物，母猫在6～8个月就能达到性成熟。母猫发情时，发出较大而粗的连续叫声。猫一年四季均可发情，但在炎热季节发情少或不发情。猫的性周期一般为14d，发情期可持续3～7d。猫属刺激性排卵动物，受到交配刺激后约24h排卵。猫比较适合的繁殖年龄在10～18月龄，母猫妊娠期60～63d，哺乳期60d左右。

猫的其他正常生理指标：体温38.0～39.5℃；心率，幼龄猫130～140次/min、成年猫100～120次/min；呼吸次数24～42次/min。

课题3 犬、猫心血管及神经系统构造特点

一、心血管构造特点

1. 犬心血管构造特点 心脏位于胸腔内，约2/3在身体正中线的左侧，1/3在正中线的右侧，其前为胸骨，后为食管、大血管和脊椎骨；两旁是肺，因而心脏受到有力的保护。心脏的形状像个长歪了的鸭梨，犬心血管构造与家畜基本相似，但其心肌极发达，体积大，占体重的0.72%～0.96%。

2. 猫心血管构造特点 心脏小，外有心包，动脉把血液送到全身，静脉可分为与动脉伴行的深静脉及皮下静脉。前肢的头静脉、后肢的隐静脉及颈部的颈外静脉，是兽医临床上采血、输液的常用静脉。

二、神经系统构造特点

1. 犬神经系统构造特点 犬的神经系统比较发达，聪明，能较快地建立条件反射。犬嗅觉和听觉特别敏锐，比人灵敏16倍；视觉不发达，远视能力有限，但对移动物体极灵敏；味觉比较差。

2. 猫神经系统构造特点 猫脑较发达，两个大脑半球为端脑的主要部分，其脑岛退化。

猫的眼大，视觉特别发达，视野很宽（200°以上），夜视能力强。猫听觉发达，能感受20 000Hz以上人类无法听到的超声波。皮肤感受器发达，尤其猫胡须的感觉功能较强，当胡须损伤时，应将其拔除，让其重新长出新胡须。

【实验实习与技能训练】

观察犬、猫内脏器官的位置、形态和结构

（一）目的要求

了解犬、猫骨骼、肌肉与被皮的形态结构特点，掌握内脏（消化、呼吸、泌尿、生殖各系统的所有器官）的组成、构造特点和生理特性。

（二）材料及设备

活的犬、猫或犬、猫的骨骼标本、肌肉标本，内脏浸制标本及解剖器械等。

（三）方法步骤

（1）仔细观察各种标本，并注意其形态结构特征及区别。

（2）仔细解剖消化系统、呼吸系统、泌尿系统、生殖系统，了解各种器官的位置、形态结构及其与畜禽的区别。

教师边解剖边讲解、示范，有条件的可让学生分组进行解剖观察。

（四）技能考核

将犬或猫完整内脏（消化、呼吸、泌尿、生殖各系统的所有器官）取出，识别各器官的形态构造。

【复习思考题】

1. 简述犬生殖系统构造特点。
2. 简述猫的解剖生理特点。
3. 简述猫大网膜的生理意义。

单元四

马属动物解剖生理特征

> **单元导航**
>
> 通过学习本单元，了解马骨骼、肌肉、皮肤及皮肤衍生物的形态结构特点，能够认识马的不同牙齿，掌握马内脏主要器官的位置、形态结构及生理特点。

马属动物属单胃、草食性动物，主要包括马、驴、骡等。它们的形态结构、生理机能与反刍动物基本相似，但身体的外部形态、内部器官的形态结构和生理机能上有着自己的特征。本单元以马为对象，具体描述马属动物身体的形态结构和生理机能的特点。

课题1 马的骨骼、肌肉和被皮特征

一、骨骼的特征

马的全身骨骼与牛一样，也分为头部骨骼、躯干骨骼、前肢骨骼和后肢骨骼（图4-1）。

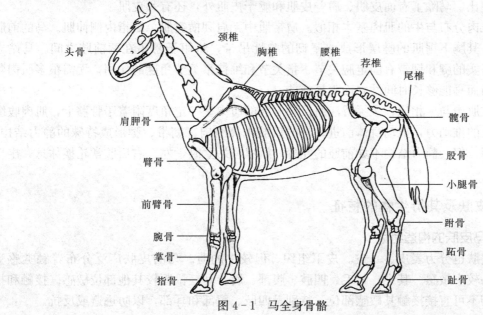

图4-1 马全身骨骼

1. 头部骨骼的特征 与牛的头骨相比，马的额骨面积较小，顶骨面积较大，额骨上没有角突。切齿骨有齿槽。公马上颌骨和下颌骨均有犬齿，母马没有犬齿或者退化。

2. 躯干骨骼的特征 马躯干骨同牛一样包括椎骨、肋和胸骨。

与牛一样，马有7块颈椎，大而长。胸椎18块。棘突发达，第三至第五棘突是构成鬐甲的骨质基础。横突短，外侧面上具有小的关节面，称为横突肋凹。腰椎6块，椎体和棘突与后部胸椎相似。横突长，呈上下压扁的板状。荐椎5块，成年时愈合成一整体，即荐骨，呈前宽后窄的三角形。尾椎向后则逐渐退化，仅保留椎体。肋骨有18对，细长，前8对为真肋，后10对为假肋。马的胸廓较牛的长，前部两侧扁，向后逐渐扩大。胸廓前口为椭圆形，下方窄；后口宽大。

3. 前肢骨骼的特征 肩胛骨的肩胛冈中部增厚粗糙，称为冈结节。无肩峰。臂骨近端在臂骨头外侧有大结节，内侧为小结节。骨体呈扭曲状，外侧缘中部有发达的三角肌粗隆，粗隆向上延伸为臂骨嵴。远端有髁状关节面与桡骨形成关节。髁的后面形成深的鹰嘴窝。前臂骨包括桡骨和尺骨，桡骨发达，位于前内方。尺骨位于后外方，近端发达，远端退化。

腕骨共7块，掌骨有3块，只有第三掌骨发育完善，起主要支持作用，称为大掌骨。第二、四掌骨小，称为小掌骨，分别位于大掌骨的内、外侧。马仅有第三指骨，3枚籽骨。

4. 后肢骨骼的特征 马的髋骨与牛的基本相似。马股骨体外侧的第三转子比牛的明显。膝盖骨呈顶向下、底朝上的短楔状，前面粗糙，后面为关节面。小腿骨的胫骨发达，位于内侧，呈三棱形，是小腿部主要负重的部分。腓骨细而短，不发达，贴附于胫骨外侧。跗骨共6块，皆为短骨，排成三列。跖骨、趾骨和籽骨的组成、数目、形态分别与前肢掌骨、指骨和籽骨相似，但略细而长。

二、肌肉的特征

马的全身肌肉也分为头部肌肉、躯干肌肉、前肢肌肉和后肢肌肉（图4-2），其各部分与牛基本相似，但具有以下特征。

与牛相比，马除了有面皮肌、肩臂皮肌和躯干皮肌外，还有颈皮肌。

马的肌肉分布与牛的肌肉基本相似。肩带肌中无肩胛横突肌，缺指内侧伸肌。马的前肢腱多肉少，其胸下锯肌的腱层形成一坚韧的弹性吊带，将躯干悬吊在两前肢之间。马站立时，前肢坚实的腱和韧带有固定腕关节、指关节和维持系关节角度的作用，无需很多肌肉紧张收缩，因而马能够长时间站立而不易疲劳。

马后肢肌肉与牛相比，多了臀浅肌。马后肢的肌肉呈一定角度附着于骨骼上，肌肉收缩时产生强大的推动力，推动身体前进。马的后肢也靠肌肉、韧带、腱形成特殊的静力结构，起支持作用，但其静力结构不如前肢的完善。所以马站立时，左、右后肢常轮换休息，出现歇蹄现象。

三、皮肤及其衍生物的特征

（一）马皮肤的构造特点

马的皮肤也分为表皮、真皮、皮下组织，但较牛的薄。马的皮肤广泛分布着触觉感受器，因而马较牛敏感。其中，触毛、四肢、腹部、唇、耳、鼠蹊较其他部位敏感。接触和抚摸马时，切不可直接接触其敏感部位，特别是四肢、腹部和耳部，以防逃避或反抗。

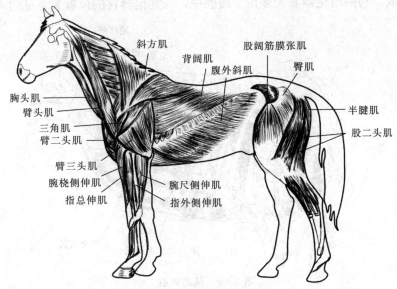

图 4-2 马的全身浅层肌肉

(二) 马的皮肤衍生物

马为单蹄动物,每肢只有一个蹄,包括蹄匣和肉蹄两部分。

1. 蹄匣 蹄匣可分蹄壁、蹄底和蹄叉三部分。

蹄壁为马站立时可见的部分,前部为蹄尖壁,两侧为蹄侧壁,后部为蹄踵壁。蹄底是蹄底面的角质层,表面微凹,位于蹄壁底缘与蹄叉之间。蹄底的角质较软,其内面有许多小孔,以容纳肉蹄肉底上的乳头。蹄叉位于蹄底的后方,角质柔软,呈楔形,尖端向前,后部大而宽,在蹄踵部形成两个蹄球。

蹄壁从外向内由釉层、冠状层和小叶层 3 层构成。在蹄壁底缘,可以看到角质化小叶层和冠状层交接处呈现一条浅色的环状线称蹄白线。蹄白线是确定蹄壁厚度的标志,装蹄时,蹄钉不得钉在蹄白线以内,否则就会损伤肉蹄。

2. 肉蹄 肉蹄位于蹄匣内,富有血管和神经,呈鲜红色,可供给蹄匣营养,并有感觉作用。肉蹄形态与蹄匣相似,也可分为肉壁、肉底和肉叉三部分。

肉壁由真皮构成,直接与蹄骨骨膜紧密结合,表面有许多纵行的肉小叶,与蹄壁的角质小叶相嵌合。肉底由真皮构成,位于蹄骨底面,与骨膜紧密结合,肉底的表面有小乳头,伸入蹄底的角质小管中。肉叉由真皮和皮下组织构成,表面有发达的乳头,与蹄叉相嵌合。肉叉的皮下组织很发达,内含大量的胶原纤维、弹性纤维和脂肪,具有弹性,可以缓冲来自地面的冲击力。

在蹄骨与肉叉两侧后上方各有一块蹄软骨,与肉叉共同构成指(趾)端的弹性结构。

课题 2 马内脏解剖生理特征

一、消化系统

马的消化系统与牛一样,由口腔、咽、食管、胃、小肠、大肠、肛门等消化器官和肝、胰等消化腺组成。马的消化器官大多位于腹腔中，与其他器官的位置关系见图4-3。

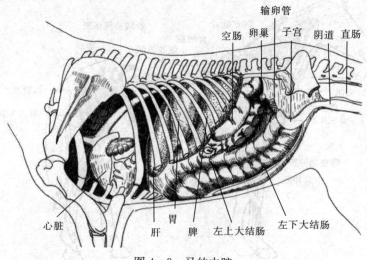

图4-3 马的内脏

（一）马消化系统的解剖特点

1. 口腔、食管特点 马的齿属高冠齿，齿冠很长，齿颈不明显。切齿呈弯曲的楔形，磨面上有一个凹陷，称为齿漏斗（齿坎）。随着年龄的增长，齿不断磨损，齿漏斗逐渐变小变浅，最后消失。与此同时，在齿坎前方的齿质内出现黄褐色的斑点，称为齿星。随着年龄的增长和齿的磨损，切齿磨面的形状也由横椭圆形变成圆形、三角形，甚至纵椭圆形，上、下切齿咬合时所构成的角度也越来越小。因此常根据切齿的出齿、换齿、齿漏斗磨损程度、齿星出现时间及齿冠磨面形状来鉴别马的年龄。犬齿呈圆锥状，前白齿和后白齿呈多褶的柱状，磨面上形成4～5个齿漏斗（图4-4）。

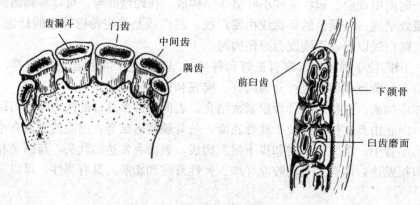

图4-4 马的切齿和白齿形态（3岁）

马属动物的咽鼓管膨大，形成咽鼓管囊（喉囊），位于颅底和咽后壁之间，腮腺的深面，寰椎翼的前方。

马属动物的食管与牛的相似。

2. 胃肠特点

（1）胃。马胃为单室胃，容积5～8L，大的可达12L。大部分位于左季肋部，小部分位于右季肋部，在膈、肝之后，左上大结肠的背侧。胃呈扁平而弯曲的囊，凸缘称为胃大弯，朝向左下方；凹缘称为胃小弯，朝向右上方。胃的左端向后上方膨大，称为胃盲囊，近幽门的部分体积变小，称为幽门窦。

（2）小肠。小肠分为十二指肠、空肠和回肠三段。空肠最长，位于左髂部、左腹股沟部和耻骨部。

（3）大肠。马的大肠发达，可分为盲肠、结肠和直肠三段。

①盲肠。盲肠很发达，外形似逗点状，长约1m，容积比胃大一倍，位于腹腔右侧，可分盲肠底、盲肠体和盲肠尖三部分。盲肠底为盲肠最弯曲的部分，位于右髂部，小弯凹向下内侧，有回盲口和盲结口。盲肠体为盲肠的中部，从右髂部沿右侧腹壁伸向前下方。盲肠尖为盲肠前下端的游离部，位于脐部和剑状软骨部。盲肠的表面有四条纵带和四列肠袋。

②结肠。结肠可分为大结肠、小结肠两部分。

大结肠：管径粗大，长3.0～3.7m（驴2.5m），容积50～60L，几乎占据整个腹腔下部，呈双层马蹄铁形，可分为4段和3个弯曲。从盲结口开始，顺次为右下大结肠→胸骨曲→左下大结肠→骨盆曲→左上大结肠→膈曲→右上大结肠。

下大结肠、胸骨曲有四条纵带和四列肠袋，骨盆曲和左上大结肠起始部仅有一列纵带，左上大结肠中部、膈曲和右上大结肠有三列纵带。

大结肠的肠管管径差别很大，盲结口最小，仅有5.0～7.5cm。下大结肠均较粗，管径20～25cm。到骨盆曲处突然变细，仅5～6cm。左上大结肠渐增粗，至膈曲达到20cm。右上大结肠末端膨大，呈囊状，称为结肠壶腹（胃状膨大部），管径达30～50cm。

小结肠：管径较细，借小结肠系膜（后肠系膜）悬吊于第三至第六腰椎腹侧。主要位于左髂部上部，与空肠混杂，移动性大，在骨盆前口管径变细移行为直肠。

小结肠具有两条纵带和两列肠袋。

③直肠。直肠长约30cm（驴20cm），位于骨盆腔上部。其前段管径小，称狭部；后段膨大，称为直肠壶腹（图4-5）。

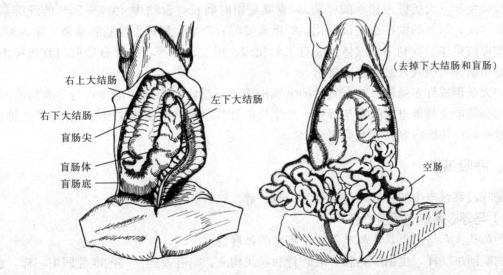

图4-5 马的大肠及小肠

3. 肝与胰特点

（1）肝。肝大部分位于右季肋部，小部分位于左季肋部。肝的背侧缘钝，腹侧缘锐。壁面（膈面）凸，与膈接触，背侧有后腔静脉沟，供后腔静脉通过；脏面凹，朝向后下方，与胃、十二指肠、大结肠、盲肠等接触。

马肝无胆囊，肝管直接开口于十二指肠。

（2）胰。胰呈淡红黄色，呈不规则的扁三角形。位于腹腔背侧，大部分位于十二指肠的乙状弯曲中。胰管有两条，与肝管一起开口于十二指肠。

（二）马消化生理的特点

1. 口腔的消化特点　马主要用唇和齿采食，饲料经充分咀嚼后才吞咽。唇感觉敏锐，动作灵活，随时可把粗硬的草节和草根吐出。因而马采食细，咀嚼慢，采食时间长。

2. 胃的消化特点　马胃的排空速度比较缓慢，通常喂食后24h胃内还残留有食物。由于饲料经常残留，所以胃液分泌是连续的，但饲喂时分泌加强。马一昼夜可分泌30L胃液。

马在咀嚼和吞咽食物时，可反射性地引起胃底和胃体部的肌肉舒张，胃腔扩大，称为容纳性舒张，使食物容易进入胃内。食物进入胃后，一层层地铺在胃中。先进入胃的食物在周围，后进入的在中间。马胃内的食物可较长时间的保持分层排列而不混合，这种状态使马胃的贲门部以及深层的食物不易被胃液很快地浸透，较长时间地维持着弱碱性，为细菌及淀粉酶（由唾液带来的和饲料本身的酶）提供了特别适宜的环境，对糖类分解作用较强。而邻近胃壁层的食糜，由于混有大量胃液，呈酸性反应，有利于饲料中蛋白质的分解。马胃内虽然也存在微生物的发酵作用，但并不进行纤维素的分解。

3. 小肠的消化特点　马一昼夜能分泌约7L的胰液和6L左右的胆汁。食糜进入十二指肠后，在这里受到胰液、胆汁和小肠液的化学消化作用，以及小肠运动的机械消化作用，大部分营养物质被消化吸收，其过程与牛的相似。

4. 大肠的消化特点　马的大肠容积庞大，与反刍动物瘤胃的作用相似。在小肠未被消化的营养物质，到大肠后在微生物和小肠消化酶的作用下继续分解。在马的盲肠和结肠内，存在大量微生物（大肠杆菌和乳酸杆菌），食糜滞留时间长，食物中40%~50%的纤维素、39%的蛋白质、24%的糖在这里被消化。纤维素发酵后产生大量挥发性脂肪酸和气体，挥发性脂肪酸可被机体吸收利用。气体主要有二氧化碳、甲烷、氨等，一部分经肛门直接排出，另一部分由肠黏膜吸收入血，经肺排出。

马的大肠形成许多肠袋，并有发达的纵肌构成的纵带，因而其运动方式与牛有所不同。马大肠的肠袋能交替地进行收缩与舒张，产生局部分节运动；纵带的收缩与舒张，产生钟摆运动。这些运动使肠内容物能充分混合。

二、呼吸系统

马的呼吸系统与牛的相似，包括鼻腔、咽、喉、气管、支气管和肺。

（一）马呼吸系统的解剖特点

马的鼻孔大，呈逗点状，鼻端没有牛那样的鼻唇镜。

马的喉同牛一样，也由喉黏膜、喉软骨和喉肌构成，略有差异。马的喉腔同牛一样，也以声门裂为界，分为喉前庭和喉后腔，但马的喉前庭的侧壁上有一对室褶。在室褶的后方有一孔，马属动物喉黏膜由此外折，形成喉小囊。此外，马的声带较牛的短，声门裂也不如牛的宽大。

气管长约1m，前端与喉相接，向后沿颈腹侧正中线进入胸腔，在心基上方分为左、右支气管，分别进入左、右两肺。

马肺分叶不明显，以心切迹为界，心切迹以前部分称为前叶（尖叶），心切迹以后部分称为后叶（膈叶）。此外右肺后叶的内侧还有一个小的副叶。

马肺后缘呈弓状，在体表的投影，为三个点连成的曲线。这三个点是第十六肋骨与髋结节水平线的交叉点，第十四肋骨与坐骨结节水平线的交叉点，第十肋骨与肩关节水平线的交叉点。左肺的心切迹大，体表投影位于第三至第六肋骨间，它与肩关节水平线交界的稍下方是心脏听诊的部位。

（二）马的呼吸生理特点

马的全部肺泡总面积可达 $500m^2$，肺的总容量可达 40L，通气量很大。在安静情况下，马的呼吸频率为 8~16 次/min。这些特点，有利于马快速和持久奔跑。

三、泌尿系统

马泌尿系统也同牛的一样，由肾、输尿管、膀胱和尿道组成。

（一）马泌尿系统的构造特点

马肾为平滑单乳头肾，呈红褐色。右肾为钝角的三角形，左肾为蚕豆形。马肾位于腰椎下方，腹主动脉和后腔静脉两侧，右肾比左肾靠前。右肾位于最后二至三肋骨上端和第一腰椎横突的下面，左肾位于最后肋骨上部和前三个腰椎横突的腹侧。肾实质是由若干个肾叶构成的，马肾各叶均完全联合在一起，肾表面光滑无沟，全部肾乳头合成一个嵴状的肾总乳头突入肾盂中，故马肾为单乳头肾。每个肾叶均能明显地分为表面的皮质和深部的髓质。

马的输尿管、膀胱的形态结构与牛的一样。

公马尿道很长，兼有排精的作用，故称为尿生殖道。母马尿道短而宽，长6~8cm，位于阴道腹侧，尿道外口开口于阴道前庭腹侧壁阴瓣的后方，无尿道下憩室。

（二）马的泌尿生理特点

马尿一般呈淡黄色、黄色、暗褐色，因尿中含有较多碳酸钙结晶和黏蛋白而混浊黏稠。在普通饲养条件下，马尿的相对密度为 1.025~1.055，pH 为 7.2~8.7，每昼夜排尿量为 3~8L。马尿的生成与排尿机理制与牛的相似。

四、生殖系统

（一）公马的生殖系统

公马生殖系统同公牛一样，包括睾丸、附睾、输精管和精索、尿生殖道、副性腺、阴茎、阴囊和包皮（图4-6）。

1. 公马生殖系统的构造特点

（1）睾丸和附睾。马的睾丸呈头端向前尾端向后的水平位。其前端背侧为睾丸头，与附睾头相接，并有血管、神经进出；后端为睾丸尾，借睾丸固有韧带与附睾尾相连；背侧缘称为附睾缘，直接与附睾相邻；腹侧缘为游离缘。其结构与牛相似。

（2）输精管和精索。输精管直径约6mm，有发达的输精管壶腹（尤其是驴），精索比牛的短。

(3) 尿生殖道。公马的尿生殖道以尿道内口起于膀胱颈，向后伸延至坐骨弓，这一段称为尿生殖道骨盆部；向下绕过坐骨弓为尿生殖道海绵体部或阴茎部。

(4) 副性腺。副性腺包括精囊腺、前列腺和尿道球腺。

①公马的精囊腺为囊状，呈长梨形，囊腔宽大，位于膀胱颈背侧的尿生殖褶中。精囊腺的排泄管与同侧的输精管汇合，共同开口于精阜。

②前列腺较发达，位于尿道起始部背侧。

③尿道球腺呈椭圆形，位于尿生殖道骨盆部末端的背面两侧，靠近坐骨弓。

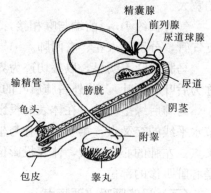

图4-6 公马生殖器官

(5) 阴茎。马的阴茎粗大而直，呈左右略扁的圆柱状，无乙状弯曲。阴茎位于腹壁之下，起自坐骨弓，经两股之间沿中线向前，伸延到脐部。可分阴茎根、阴茎体、阴茎头三部分。

马的阴茎头因海绵体发达而膨大成圆锥状，称为龟头。龟头的基部隆起，形成龟头冠，龟头前端的腹侧面，形成凹陷的龟头窝，窝内有短的尿道突。尿生殖道外口开口于尿道突上。

(6) 包皮。马的包皮为双层皮肤褶，分为外包皮和内包皮，均由深浅两层构成。外包皮套在内包皮外面，较长，游离缘围成包皮外口。内包皮实际是由外包皮的深层延续折转而成，直接套在阴茎前端的外面，比外包皮短小，其游离缘形成包皮内口。当阴茎勃起时，包皮的各层展平成一层而包围在阴茎表面。包皮的皮肤内有汗腺和包皮腺，其分泌物与脱落的上皮细胞等共同形成一种黏稠而难闻的脂肪性包皮垢。

(7) 阴囊。阴囊位于耻骨前方，两股之间，位置较牛的靠后，阴囊颈较明显。阴囊壁的结构与牛的相似。

2. 公马的生殖生理特点 公马的精液呈浅白色，黏稠不透明，呈弱碱性，pH为7.2～7.3，渗透压和血液相似，有特殊的臭味。公马每次交配的射精量为50～150mL。

(二) 母马的生殖系统

母马的生殖器官与母牛的一样，包括卵巢、输卵管、子宫、阴道、尿生殖前庭和阴门（图4-7）。

1. 母马生殖系统的构造特点

(1) 卵巢。马属动物的卵巢比牛的大。呈豆形，借卵巢系膜悬吊于腹腔腰部，在肾的后方或骨盆前口的两侧。左、右位置不对称，左侧卵巢悬吊在左侧第四、第五腰椎横突末端之下，在左子宫角前端的内下方，位置较低；右侧卵巢在右侧第三、第四腰椎横突下方，靠近腹腔顶壁，位置较高。经产老龄马的卵巢，常因卵巢系膜松弛，而被肠管挤到骨盆前口处。卵巢的前端为输卵管端，接输卵管伞。后端为

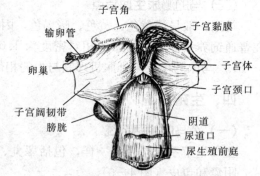

图4-7 母马生殖器官（背侧面）

子宫端，借卵巢固有韧带与子宫角相连。在卵巢的游离缘上有一个凹陷，称为排卵窝，成熟卵泡由此排出，这是马属动物卵巢的特征。

（2）输卵管。马的输卵管长而弯曲，有发达的输卵管伞。

（3）子宫。马的子宫为双角子宫，呈Y形，分为子宫角、子宫体和子宫颈三部分。子宫角和子宫体的长度大致相等，子宫角成对，稍弯曲，全部位于腹腔内。两子宫角后端相合移行为子宫体。子宫体呈背腹略扁的圆筒状，大部分位于骨盆腔内，小部分位于腹腔内。子宫体向后延续为子宫颈，子宫颈位于骨盆腔内，其后部突入阴道，形成明显的子宫颈阴道部。子宫颈壁厚，黏膜形成许多纵褶，其中央为一窄细的管道，称为子宫颈管。子宫颈阴道部的黏膜褶，形似花冠状，子宫颈外口位于其中央。

（4）阴道。马的阴道较短，长15~20cm，位于骨盆腔内，背侧为直肠，腹侧为膀胱和尿道。阴道黏膜呈粉红色，较厚，形成许多纵褶，没有腺体。在阴道前端和子宫颈阴道部的周围，形成一个环状的隐窝，称为阴道穹隆。

（5）尿生殖前庭。尿生殖前庭是左右略扁的短管，前接阴道，后连阴门，有明显的阴瓣，是阴道与尿生殖前庭的分界。与牛相比，马无尿道憩室。在尿道外口后方的腹侧壁上有前庭小腺的开口；在背侧壁的两侧，有前庭大腺的开口。

2. 母马的生殖生理特点　母马的性成熟是12~18月龄。性成熟后，母马开始出现正常的发情周期。母马的发情具有明显的季节性，一般在春季出现发情。马的发情周期为19~25d，发情持续期为4~5d，排卵时间在发情结束前1~2d。卵细胞从卵巢排出后，10h内保持受精能力。马的妊娠期平均为340d，变动范围在307~402d。

【实验实习与技能训练】

一、马全身骨、骨性标志、四肢关节和肌性标志的识别

（一）目的要求

能够在马活体、马骨骼标本上识别出重要骨性标志、关节、主要肌群、重要肌性标志的位置。

（二）材料与设备

马、马的骨骼标本、保定绳、保定柱栏等。

（三）方法步骤

（1）在头颈部触摸识别枕嵴、面嵴、眶下孔、咬肌、下颌间隙、下颌血管切迹、颈静脉沟、臂头肌、胸头肌等。

（2）在躯干部触摸识别鬐甲、各部分椎骨、腰荐间隙、肋骨和肋弓、肋间隙、胸骨柄、剑状软骨、背最长肌等。

（3）在前肢部触摸识别前肢各骨及关节，观察各骨的形态结构、各关节的结构。

（4）在后肢部识别后肢各骨及关节，观察各骨的形态结构、各关节的结构。

（四）技能考核

在马活体上或骨骼标本上识别上述骨性标志、肌性标志。

二、马主要内脏器官的识别

(一) 目的要求
能够识别马的肺、肝、胃、肠、肾等主要内脏器官的形态、位置及构造。

(二) 材料及设备
马或马的内脏标本、解剖刀、剪、镊子等器械。

(三) 方法步骤
(1) 保定,用倒马器或其他方法使马倒下捆扎好四肢,并令其侧卧。
(2) 放血将马致死并剥皮,按一定方法剖开胸、腹腔,观察内脏器官的形态及所处的位置。
(3) 按顺序取出内脏器官,仔细观察并识别马的心脏、肺、胃、小肠、大肠、肝、胰、肾、睾丸、卵巢等各内脏器官的形态和结构。

(四) 技能考核
在马的新鲜尸体或标本上识别上述器官的形态构造。

三、马主要器官体表投影的识别

(一) 目的要求
找出马心脏、肺、胃、小肠、盲肠、结肠、肾等器官的体表投影,了解各器官之间的位置关系。

(二) 材料及设备
马、马的模型、挂图、保定器械。

(三) 方法步骤
在马体上识别心脏、肺、胃、小肠、盲肠、结肠、肾等器官的体表投影。

(四) 技能考核
在马活体上确定上述器官的体表投影。

【复习思考题】

1. 马为什么能站立睡眠而不会疲劳?
2. 马是如何消化饲料中的粗纤维的?
3. 马的大结肠有何特点?
4. 马的肺与牛相比有何特征?
5. 简述马肾的形态结构和位置。

单元五

家禽解剖生理特征

> **单元导航**
>
> 通过学习本单元，了解家禽骨骼、肌肉、皮肤及皮肤衍生物的形态、结构；了解家禽消化、呼吸、泌尿、生殖系统的组成和生理特点；了解家禽正常体温范围、体温调节特点及家禽的生活习性；掌握家禽嗉囊、胃、肠、肝、胰、心脏、肺、肾、睾丸、卵巢、输卵管、法氏囊、胸腺、脾脏的位置、形态和构造特点。

家禽属于脊椎动物的鸟纲，主要包括鸡、鸭、鹅、鸽子、火鸡等。家禽的形态结构、生理机能以及活动规律，都保持着适宜飞翔的特点。本单元以鸡为重点，阐述家禽的解剖生理特征。

课题1 禽运动系统

一、骨骼

家禽骨骼与家畜相比有很大不同，一是多数骨含气，重量变轻；二是钙盐含量丰富，比较坚硬；三是骨间多愈合，各骨间界限难分辨。家禽的全身骨骼，按部位分为头骨、躯干骨、前肢骨骼和后肢骨骼（图5-1）。

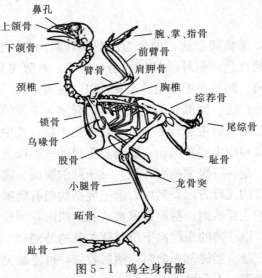

图5-1 鸡全身骨骼

1. 头骨 禽类头骨愈合程度高，呈圆锥形。面骨不发达，其特点是在下颌骨与颞骨形成的下颌关节间有方形骨，有助于口腔较大幅度的开张，便于吞食较大的食物团块。

2. 躯干骨 躯干骨由椎骨、肋骨和胸骨构成。椎骨分为颈椎、胸椎、腰椎、荐椎和尾椎。颈椎的数目多，鸡13～14枚，鸭14～15枚，鹅17～18枚，鸽子12～13枚，活动灵活，利于啄食、警戒和梳理羽毛。胸、腰、荐椎数目较少，且互相愈合，活动不灵活。第二至第五胸椎愈合成1块背骨，第七胸椎与腰椎、荐椎、第一尾椎愈合成综荐骨。尾椎5～7枚，第二至第七枚尾椎愈合成体积较大的尾综骨，支撑尾羽和尾脂腺。

肋骨的对数与胸椎个数相同，鸡、鸽各7对，鸭、鹅各9对。除前1～2对外，每一肋骨都由椎骨肋和胸骨肋两部分构成，两部分肋骨间成直角。除第一对和最后2～3对肋外，其他肋骨的椎肋上有钩状突，与后面的肋骨相接触，起加固胸廓的作用。

胸骨十分发达，构成胸腔底壁和大部分腹底壁。胸骨腹侧正中有纵行隆起的胸嵴（龙骨突）。胸骨末端与耻骨末端的距离称为龙（胸）耻间距。

3. 前肢骨骼 家禽的前肢演变成翼，分为肩带部和游离部。肩胛骨、乌喙骨和锁骨组成肩带部，结构坚固而有弹性。臂骨、前臂骨和前脚骨组成游离部，又称国翼部。

4. 后肢骨骼 后肢骨发达，分为盆带部和游离部，支持机体后躯的重量。髂骨、坐骨和耻骨构成盆带部（髋骨）。两侧的耻骨、坐骨分离，形成开放式骨盆，便于产蛋。龙耻间距及耻骨间距的大小，是衡量母禽产蛋率高低的一个标志。股骨、膝盖骨、小腿骨和后脚骨组成发达、坚实、运动灵活的游离部（腿骨），以支撑家禽体重。后脚骨中鸡有4个趾（乌骨鸡、贵妃鸡有5个趾），以第三趾最发达。

> **小贴士**
>
> 腹部容积大的母鸡，生产性能高。腹部容积常采用龙耻间距和耻骨间距来表示。这两个距离越大，则表示母鸡正在产蛋期或产蛋能力越好。

二、肌肉

禽类的肌纤维较细，无肌间脂肪，可分为白肌和红肌两类。白肌颜色较淡，肌纤维较粗，爆发力强。红肌呈暗红色，肌纤维较细，耐久性好。鸡等飞翔能力差或不能飞翔的家禽，肌肉以白肌为主。鸭、鹅等善于飞翔的水禽，以红肌为主。

家禽的皮肌薄，分布广泛。面部肌肉不发达，但开闭上下颌的肌肉较发达。颈部肌肉发达，以保证颈部的灵活运动。肩带肌较复杂，主要作用于翼，其中位于胸嵴两侧的胸肌（胸大肌）最发达，是家禽飞翔的主要肌肉，占肌肉总重量的一半以上，也是肌肉注射的主要部位之一。禽膈肌不发达，是一层极薄的腱样膜，贴于肺的腹面。家禽的盆带肌不发达。尾部肌相对发达，可控制家禽的飞行方向，其中，泄殖腔括约肌有助家禽交配、产蛋及排泄。腿肌发达，是行走和游泳的主要肌肉。栖肌是家禽特有的肌肉，相当于哺乳动物的耻骨肌，位于股部内侧，呈纺锤形，以一薄的扁腱向下绕过膝关节的外侧和小腿后面，下端并入趾浅屈肌腱内，止于第二、第三趾。当腿部屈曲时，栖肌收缩，可使趾关节机械性屈曲，所以家禽栖息时，能牢牢地抓住栖架，不会跌落。

课题 2　禽被皮系统

被皮系统由皮肤和皮肤的衍生物组成。主要机能是保护家禽体内的器官和组织，不受外界机械性侵袭；调节体温；排泄废物；感觉外界环境的各种刺激等。

一、皮肤构造

家禽的皮肤薄而柔软，容易与躯体剥离。皮下毛细血管丰富，利于散热。禽翼部的皮肤褶构成翼膜，可扩大羽面，有助飞翔；水禽趾间皮肤褶形成蹼，有利于划水或飞翔。皮肤大部分区域由羽毛覆盖，称为羽区；翼下、胸下及腹下侧面等无羽毛部位，称为裸区，有调节体温和孵化蛋功能。

二、皮肤衍生物

皮肤的衍生物有羽毛、冠、肉垂、耳叶、喙、爪、尾脂腺、鳞片等。羽毛是家禽特有的皮肤衍生物，根据形态不同，可分正（被）羽、绒羽、纤羽三类。正羽覆盖在家禽的体表；绒羽密生于皮肤表面，形如绒而得名，主要有保温作用；纤羽纤细，形如毛发，长短不一，分布在机体的各部。

鸡从出壳到成年要经过 3 次换羽，分别在雏鸡刚出壳、6～13 周龄、13 周龄到性成熟期进行。更换成年羽后，从第二年开始，每年秋冬季节都要换羽一次。

喙、冠、肉垂、耳叶主要是头部皮肤衍生物。冠是第二性征的标志，公鸡的冠特别发达，呈直立状，母鸡冠常倒向一侧。冠的结构、形态可作为辨别鸡品种、成熟程度和健康状况的标志。

鳞片、爪、距属腿部皮肤衍生物。鳞片是分布在跖部、趾部高度角质化的皮肤。爪位于家禽的每一个趾端。公鸡的距较明显。

家禽的皮肤中无汗腺及皮脂腺，仅有一对尾脂腺，位于尾综骨的背侧。鸡的尾脂腺较小，水禽的尾脂腺发达。尾脂腺分泌物中的麦角固醇经日光紫外线照射下可转变为维生素D，供皮肤吸收利用。家禽在整理羽毛时，用喙压迫尾脂腺，挤出分泌物，用喙涂于羽毛上，使羽毛润泽。尾脂腺对水禽较为重要。

> **小贴士**
>
> 家禽的换羽与强制换羽技术：换羽是禽类的正常生理现象，但是，正常的换羽时间长、管理困难，严重影响产蛋性能。生产中普遍采用人工强制换羽技术，通过限饲限饮、减少光照时间或饲喂促进换羽的药物的方法，缩短换羽时间，节约饲料，减少停产损失，并有利于提高下一产蛋年的产蛋量。此外，根据家禽羽毛生长代谢特点，生产中还广泛应用活拔羽绒技术和雏鸡自辨雌雄技术等。

课题3 禽消化系统

一、消化系统的结构

家禽的消化系统由消化管和消化腺两部分组成。消化管包括口咽、食管、嗉囊、腺胃、肌胃、小肠、大肠、泄殖腔、泄殖孔；消化腺包括唾液腺、胃腺、肠腺、胰腺、肝（图5-2）。

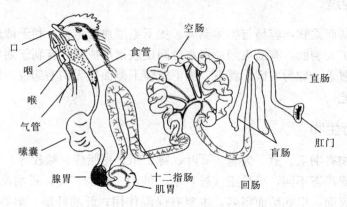

图5-2 鸡的消化器官

1. 口咽 家禽的口腔与咽之间没有明显的界线，故称为口咽。禽没有唇、齿、软腭，颊不明显，有特殊采食器官——喙。口咽顶部前壁正中，有前狭后宽的鼻孔，后部正中有咽鼓管漏斗，咽鼓管开口于漏斗内。口咽部黏膜内含丰富的毛细血管，气温过高时，通过张口呼吸加强散热。

（1）喙。喙为包在颌前骨、下颌骨外面高度角化的皮肤套，分上喙和下喙。鸡、鸽的喙呈前尖的圆锥形，适于摄取细小的饲料，撕碎较大的食物；雏鸡上喙尖部的蛋齿，用于孵出时划破蛋壳；鸭、鹅的喙长而宽，呈铲状，前端钝圆，喙侧缘形成许多横褶，便于在水中采食时，将水滤出。

> **小贴士**
> 为防止出现异嗜癖和减少饲料浪费，通常在7～10日龄对蛋用雏鸡进行断喙处理，切去上喙1/2，下喙1/3；为防止鸡冠啄伤、擦伤和冻伤，对肉用父母代种鸡混养及蛋鸡笼养时，在1日龄内采取剪冠处理；为防止自然交配时种公鸡踩伤母鸡背部，在初生或2～3日龄进行去爪处理。

（2）舌。鸡、鸽的舌与喙形状相似，舌尖乳头高度角质化，舌体与舌根间有一列乳头；鸭、鹅的舌长而厚，较灵活，除舌体后部外，侧缘有丝状的角质乳头。家禽的舌黏膜内含较少味蕾，味觉机能较差，但对饮水温度较敏感。禽不喜饮高温的水，却不拒饮冰冷的水。鸡饮水时有明显的抬头动作。禽类无齿，采食时，不经咀嚼便吞咽。

（3）唾液腺。禽唾液腺较发达，分布广泛，其导管直接开口于咽黏膜的表面。唾液腺分泌黏液性唾液。

2. 食管和嗉囊 家禽的食管较宽，管壁薄且易扩张，分颈段和胸段，颈段食管与气管都位于颈的右侧皮下。胸段食管末端在肝的脏面变细后与腺胃相连。鸡的食管在胸前口处膨大形成嗉囊；鸭、鹅没有真正的嗉囊，有颈部食管膨大。嗉囊具有贮存、湿润、软化饲料的功能。

3. 胃 家禽的胃分腺胃和肌胃两部分。

（1）腺胃。腺胃呈短纺锤形，位于腹腔左侧，前以贲门通胸段食管，后以峡与肌胃相连。胃内腔较小，胃壁较厚，内有胃腺，能分泌盐酸和胃蛋白酶等，开口于黏膜乳头。鸡瘟时常见腺胃乳头出血。

（2）肌胃。肌胃又称为砂囊。位于腹腔的左下部，为质地坚实的扁圆形肌质性器官。肌胃背侧和腹侧由一对较厚的半球状侧肌构成，前后两端由一对较薄的中间肌构成，四块肌肉在胃的两侧以腱相连接，形成白蓝色闪光的腱镜。

> **小贴士**
>
> 肌胃内侧面形成一层淡黄色坚硬的角质膜，其上有搓板楞状皱褶（鸡内金），可保护胃黏膜，与肌胃内沙砾一起磨碎饲料。肌胃收缩强度与饲料硬度有关，饲料硬度越硬，肌胃收缩力越强。通过肌胃收缩使胃内容物排向两端口，幽门口处有能阻止大颗粒食物和沙砾进入十二指肠的滤过性黏膜嵴。家禽的机械性消化主要在肌胃内进行，鸡采食的沙砾配合强劲的肌肉舒缩，可以加强对饲料的机械磨碎作用，提高肌胃的机械性消化作用，有利于提高饲料报酬。食草、食菜的禽类肌胃发达；高度集约化饲养的鸡，肌胃不发达；粗放饲养的鸡，肌胃较发达。

4. 肠、肝、胰 家禽的肠分为大肠和小肠，肠管较短。家禽肠与躯干之比是鸡肠为体长的7～9倍，鸭肠为体长的8.5～11.0倍，鹅肠为体长的10～20倍。

（1）小肠。小肠是食物消化及营养成分吸收的主要部位。包括十二指肠、空肠及回肠。十二指肠位于腹腔右侧，起于幽门部，形成U形肠袢（鸭为马蹄形），分平行的降支、升支，升支在胃的幽门处移行为空肠。空肠形成许多环状肠袢，以肠系膜悬挂于腹腔右侧。鸡肠袢数目较多，10～11圈；鸭、鹅肠袢数目较少，6～8圈。回肠较短，以系膜与两侧的盲肠相连。

禽类小肠的组织结构与哺乳动物相似，其特点是无十二指肠腺，小肠绒毛长，无中央乳糜管，脂肪直接吸收入血。黏膜下层较薄，小肠腺较短。

（2）肝和胰。肝是家禽体内最大的消化腺，位于腹腔前下部，分左、右两叶，两叶之间夹有心、腺胃、肌胃，右叶略大，有胆囊（鸽无胆囊）。肝的颜色因年龄和肥育状况而不同，成年禽肝呈红褐色，育肥禽肝呈黄褐色或土黄色，刚出壳的雏禽肝呈黄色。肝右叶分泌的胆汁经胆囊管至十二指肠；肝左叶分泌的胆汁由肝管直接排入十二指肠。

胰为淡黄色或淡红色的长条分叶状腺体，位于十二指肠袢内。鸡有2～3条胰管，鸭、鹅各有2条，开口于十二指肠的终部。

（3）大肠和泄殖腔。

大肠：家禽的大肠包括两条盲肠和一条短的直肠，没有明显的结肠。两条盲肠从回肠与盲肠交界处发出，沿回肠两侧向前伸延，长14～23cm，以盲肠口通直肠。盲肠基部较窄，其肠壁黏膜内分布有淋巴组织，称为盲肠扁桃体，是诊断疾病时主要检查的部位。鸽的盲肠很不发达，小如芽状。直肠短呈管状，末端开口于泄殖腔。大肠的组织结构与小肠相似，但绒毛短宽。

泄殖腔：是直肠末端膨大形成的腔道，是消化系统、泌尿系统、生殖系统末端的共同通道。泄殖腔内两个环行的黏膜褶，将其由前向后分为粪道、泄殖道、肛道三部分（图5-3）。

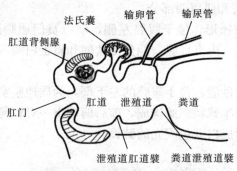

图5-3 幼禽泄殖腔正中矢面

肛道背侧壁上有腔上囊（又为法氏囊）的开口。肛道腹侧壁上有公禽（鸭、鹅）的交配器官——阴茎。肛道末端以泄殖孔（肛门）通外界。

二、消化生理特点

1. 口腔的消化作用 家禽的口腔无咀嚼功能，主要是采食和吞咽。唾液腺分泌的唾液呈酸性，含有少量的淀粉酶。

2. 嗉囊的消化作用 嗉囊的主要机能是贮存、湿润、软化食物。食物在嗉囊停留的时间，与食物的性质、数量和家禽的饥饿程度有关，一般停留3～4h。嗉囊内的温度、酸度适宜乳酸杆菌繁殖，有助糖类发酵产生乳酸。

鸽在育雏期，嗉囊的上皮细胞增生并发生脂肪变性，脱落后与分泌的黏液一起形成嗉囊乳，也称鸽乳，用来哺育幼鸽。

3. 腺胃的消化作用 腺胃的黏膜能分泌酸性胃液，其主要成分为盐酸、胃蛋白酶。盐酸可活化胃蛋白酶原、杀菌、促使胃蛋白酶分解饲料中的蛋白质变为多肽。由于腺胃容积小，腺胃收缩时，食糜快速进入肌胃，因而当肌胃收缩时，能将食糜挤回腺胃，以延长食糜在腺胃内的消化时间。

4. 肌胃的消化作用 肌胃不分泌胃液，主要机能是靠胃壁强有力的收缩和沙砾间的相互摩擦，机械性磨碎粗硬饲料。肌胃的收缩强度与饲料的性质有关，饲料越坚硬，肌胃的收缩力越强。沙砾在肌胃中的消化作用非常重要，如果肌胃内的沙砾数量减少，消化率会严重降低。肌胃的内容物非常干燥，pH2.0～3.5，适宜来自腺胃的胃蛋白酶消化蛋白质。

5. 小肠的消化作用 家禽的消化主要在小肠内进行。小肠内的消化液有胰液、胆汁和小肠液。

胆汁、胰液和小肠液的成分及作用与家畜的很相似。家禽小肠的运动主要为蠕动和节律性分节运动，也有明显的逆蠕动，以延长消化和吸收时间。

6. 大肠的消化作用 小肠中的食糜在小肠内经消化吸收后，残余部分进入大肠的盲肠和直肠。家禽盲肠发达，大肠的消化主要在盲肠进行。盲肠内有适宜微生物生长繁殖的环境，因而饲料中的纤维素在盲肠内被微生物发酵分解，产生低级脂肪酸，被盲肠吸收，未被吸收部分通过盲肠蠕动送入直肠。这对食草、食菜的禽（鸭、鹅）有重要意义。此外盲肠内微生物合成的菌体蛋白、维生素 K 及 B 族维生素可供禽体消化吸收利用。禽直肠短，食物存留的时间较短，消化作用不大，只吸收少部分物质后，形成粪便。

7. 吸收　家禽的吸收主要在小肠进行。由于小肠绒毛中无中央乳糜管，脂肪及其他各种可吸收物质由黏膜上皮直接吸收进入血液。母禽在产蛋期间，小肠吸收钙的作用增强。嗉囊、盲肠只能吸收少量的水、无机盐和挥发性脂肪酸，直肠和泄殖腔只能吸收较少的水和无机盐，腺胃、肌胃吸收的能力很差。

课题 4　禽呼吸系统

一、呼吸系统构造特点

家禽的呼吸系统由鼻腔、咽、喉、气管、鸣管、支气管、肺、气囊等组成。鸣管和气囊是家禽的特有器官。

1. 鼻腔　家禽的鼻腔较窄，鼻孔位于上喙基部，有膜质性鼻瓣（鸡）或柔软的蜡膜（鸭、鹅），其周围有防止小虫、灰尘等异物进入的小羽毛。鸽的两鼻孔与上喙的基部形成发达的蜡膜，其形态是品种的重要特征之一。鸭、鹅鼻中隔在前端两侧互通，鸡的不通。

上颌两外侧和眼球前下方有一个三角形眶下窦，鸡的较小，鸭、鹅的较大。家禽在患呼吸道疾病时，眶下窦往往发生病变。

2. 喉　喉位于咽后的底部，舌根后方，由环状软骨和杓状软骨构成。喉腔内无声带，喉口呈裂缝状，由两个发达的黏膜褶形成。喉软骨上分布有扩张和闭合喉口的肌肉，吞咽时因喉口肌收缩而可关闭喉口，防止食物误入喉中。

3. 气管、鸣管和支气管　家禽的气管很长，与食管伴行，在颈的下半部偏至右侧，入胸腔前又转至颈腹侧。气管由许多软骨环构成，相邻的软骨环相互套叠，可以伸缩，以适应头部的灵活运动。气管入胸腔后，在心基的上方分叉形成鸣管和支气管。鸣管（后喉）是禽类特有的发音器官。鸣管以气管为支架，由几块支气管环和一块鸣骨构成。鸣骨呈楔形，位于气管分叉的顶部，鸣腔的分叉处。在鸣管的内、外侧壁，分别有对称的内、外鸣膜，当呼吸时，气流振动鸣膜而发音。公鸭的鸣管在左侧形成一个膨大的骨质性鸣管泡，无鸣膜，故发出的声音嘶哑。刚孵出的雏鸭可通过触摸鸣管，来鉴别雌雄（图 5-4）。

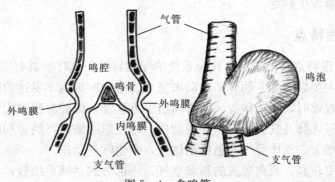

图 5-4　禽鸣管

家禽的支气管经心基的背侧进入肺，以C形的软骨环为支架，缺口面向内侧。

4. 肺 禽的肺较小，呈鲜红色，质地柔软，左右肺一般不分叶。位于1~6肋，紧贴胸腔背侧面，并嵌入肋骨间，表面形成肋沟。在腹侧面有肺门，是肺血管出入的门户。在肺的稍后方为膜质的膈。

支气管在肺门处入肺后，纵贯全肺，逐渐变细，称为初级支气管，其后端出肺，连接腹气囊。从初级支气管上分出背内侧、腹内侧、背外侧、腹外侧四群次级支气管，末端出肺，形成气囊。次级支气管再分出众多呈袢状的三级支气管，连于两群支气管之间。禽肺不形成支气管树，形成大量连通的袢状通道。一支三级支气管及其分支构成一个肺小叶，其管壁上分出许多丰富的呼吸性肺毛细小管，相当于家畜的肺泡，其管壁具有良好通透性，是气体交换的场所。

5. 气囊 气囊是禽类特有的肺衍生器官，容积比肺大5~7倍，是初级支气管或次级支气管出肺后形成的黏膜囊，囊壁极薄，大部分与含气骨相通。大部分家禽有9个气囊，即一对颈气囊（鸡是一个），位于胸腔前部背侧；一个锁骨间气囊，位于胸前部腹侧；一对前胸气囊，位于两肺的腹侧；一对后胸气囊，位于肺腹侧后部；最大的一对腹气囊，位于腹腔内脏两旁。气囊所形成的憩室可伸入到许多骨内和器官之间（图5-5）。

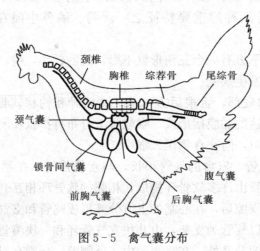

图5-5 禽气囊分布

气囊具有贮存空气、减轻体重、调节体温、加强气体交换和适于游水或飞翔的作用。公禽的腹气囊紧贴睾丸，有助降低睾丸温度，保证精子的正常生成。禽的某些呼吸系统疾病或某些传染病常在气囊发生病变。

二、呼吸生理特点

1. 家禽呼吸生理特点 由于家禽呼吸系统的结构特殊，其呼吸具有以下特点。

(1) 呼吸运动主要靠胸骨、肋骨的运动来完成。家禽的膈为不发达的质膜，基本没有收缩机能。当吸气肌收缩时，引起胸骨、肋骨向前下方移动，体腔容积增大，肺和气囊内压降低，空气经呼吸道进入肺及气囊，产生吸气动作。呼气肌收缩时，胸骨和肋骨回位，体腔缩小，肺和气囊内压增大，气体经呼吸道排出体外，产生呼气动作。

(2) 肺换气效率较高。家禽吸入的新鲜空气，一部分到达肺毛细管，与其周围的毛细血管直接进行气体交换，另一部分进入气囊。在呼气时，气囊中的气体回返支气管进入肺，达肺毛细管，再一次与毛细血管进行气体交换。

（3）腹壁肌参与平时的呼吸运动。腹壁肌与胸壁肌协同作用，共同完成平时呼吸动作。家禽正常的呼吸式为胸腹式呼吸。

2. 呼吸频率　家禽的呼吸频率变化较大，可因种别、年龄、性别、环境温度、生理状态的不同而发生变化。几种成年家禽的呼吸频率见表5-1。

表5-1　几种成年家禽的呼吸频率

单位：次/min

性别	鸡	鸭	鹅	鸽	火鸡
公	12～20	41	20	25～30	28
母	20～36	110	40	25～30	49

课题5　禽泌尿系统

一、泌尿系统构造特点

家禽的泌尿系统由肾、输尿管组成，没有膀胱和尿道。

1. 肾　家禽的肾较发达，位于腰荐骨和髂骨两旁腹面肾窝内，呈红褐色，长条状，体积大，质软而脆，剥离时易碎。每侧肾分前、中、后三叶。肾无脂肪囊，借助气囊形成的肾周憩室将肾与其背侧的骨隔开。无肾门和肾盂，血管、神经、输尿管在不同部位进出肾。肾产生的尿液经收集管汇集后直接注入输尿管，从肾表面离开肾。

2. 输尿管　输尿管是输送尿液的肌质性管道，分别从肾的中部发出，沿肾的腹面向后伸延，末端开口于泄殖道顶壁的两侧将尿液排入泄殖腔，尿液与粪便混合后经泄殖孔排出体外。输尿管管壁薄，常因尿液中含有尿酸盐而呈白色。

二、泌尿生理特点

家禽的新陈代谢较旺盛，皮肤中没有汗腺，代谢产生的废物，主要通过肾来排出。尿生成的过程与家畜的基本相似，但具有以下特点。

（1）原尿生成量较少，家禽肾小球不发达，滤过面积小，有效滤过压较低，肾小球滤过量少。

（2）肾小管的分泌、排泄和重吸收机能较强。原尿流经肾小管时，其中对机体有用的物质如水、葡萄糖等绝大部分被肾小管重吸收。同时能将自身的代谢产物（如氢离子、氨等）和血液中的某些药物（如青霉素）分泌排泄到尿中，使尿液浓度提高。

（3）禽类蛋白质代谢的最终产物主要是尿酸，而不是尿素，大部分经肾小管排泄到尿中。禽尿因含有较多的尿酸盐而呈奶油色。

（4）家禽的肾没有肾盂和膀胱，生成的尿液，直接通过输尿管排泄到泄殖腔中，随粪便一起排出体外。

课题6 禽生殖系统

家禽的生殖系统包括雄性生殖系统和雌性生殖系统。其主要作用是产生成熟的生殖细胞和分泌性激素。

一、公禽生殖系统特点

1. 公禽生殖系统的构造特点 公禽生殖系统由睾丸、附睾、输精管和交配器官组成。

(1) 睾丸和附睾。

睾丸：是成对的实质性器官，位于腹腔内，以较短的系膜，悬吊在肾前叶的腹面，其体表投影在最后两肋的上端。睾丸的大小和色泽随年龄及性活动周期而改变。幼禽的睾丸很小，呈黄色。性成熟后尤其在繁殖季节睾丸体积最大，呈黄白色或白色。睾丸外面包有薄的白膜，间质不发达，小梁也很少，不形成睾丸小叶和睾丸纵隔，但有丰富的能产生精子的精曲小管和能分泌精清的精直小管。精子与精清混合后形成精液（图5-6）。

附睾：不发达，附着于睾丸的背内侧缘，由附睾导管系统组成，有贮存、浓缩、运输精子、分泌精清等功能。睾丸和附睾与较大的血管相邻，在进行去势手术时，要特别注意，防止血管受损伤。

(2) 输精管。输精管是一对细而弯曲的管道，与输尿管并行，末端形成射精管，呈乳头状突入到泄殖道中。输精管在繁殖季节加长增粗，因贮存精子而呈白色。输精管有分泌精清、贮存精子、运输精液的机能。

(3) 交配器官。公鸡的交配器官不发达，位于肛道底部，是一小突起，称为阴茎体。刚孵出的小鸡的阴茎体明显，可以此来鉴别雌雄。鸭、鹅阴茎发达，位于肛道壁的囊中，交配时勃起伸出（图5-6）。

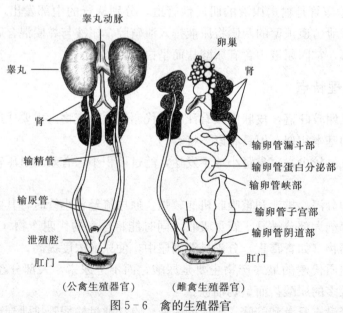

图5-6 禽的生殖器官

2. 公禽的生理特点 家禽的精液呈弱碱性，pH为7.0～7.6，每次的射精量较少，但精子浓度较高。

公鸡在 12 周龄开始生成精子，但直到 22~26 周龄才产生质量较高的精液。精液的质量可受年龄、机体状态、营养、交配次数、环境、气候、光照、内分泌等因素的影响。公禽一般在 1~2 岁时精液质量最佳。

禽类的交配是两性泄殖孔对接，阴茎伸入及颤抖式射精的组合动作，腹部的接触性刺激是引起射精的重要条件。因此，人工采精时，术者除抚摸公禽背部引起初步性兴奋外，还要对腹部施以快速的颤抖式触摸，方可加强性兴奋，促使公禽射精。

二、母禽生殖系统特点

1. 母禽生殖系统的构造特点　母禽的生殖器官仅保留左侧卵巢和左侧输卵管，右侧生殖器官已退化（图 5-6）。

（1）卵巢。卵巢位于左肾的前下方，以卵巢系膜悬挂在左肾前叶的腹侧。卵巢的体积和外形随年龄和机能状态的变化而有较大变化。幼禽卵巢较小，呈扁平的椭圆形，灰白色或白色，表面略呈颗粒状。成禽卵泡在生殖活动期间如一串大小不等的葡萄状，以细的卵泡蒂与卵巢相连。成熟卵泡含大量卵黄，沉于下方，构成植物极，卵核浮于上方，构成动物极。排卵时，卵泡膜在薄而无血管的卵泡斑处破裂，排出卵子，但不形成黄体。在非繁殖季、孵化季节及换羽期，卵泡停止排卵和成熟，卵巢萎缩。

（2）输卵管。家禽输卵管是一条长而宽阔的弯曲管道。产蛋期间左侧输卵管特别发达。以输卵管背侧韧带悬挂在腹腔左侧背部，前端近卵巢，后端通入泄殖道。根据输卵管的构造和机能的不同，可将输卵管分为漏斗部、蛋白分泌部（膨大部）、峡部、子宫部和阴道部五部分。

漏斗部：位于卵巢的后方，是输卵管的前端扩展而成，其边缘有游离的输卵管伞，中央有输卵管的腹腔口。漏斗部有摄取卵子的作用，也是受精的场所。

蛋白分泌部：是输卵管中最长且弯曲最大的部分，管壁较厚，黏膜形成螺旋形的纵襞，在繁殖期特别发达呈乳白色，可分泌蛋白形成蛋清包裹蛋黄。此处分泌蛋白的能力直接影响到蛋重。

峡部：短而窄，有弯曲，位于蛋白分泌部与子宫之间，管壁薄。黏膜内有腺体，能分泌角质蛋白，形成蛋壳膜。

子宫部：是输卵管的膨大部，管壁较厚，常呈扩张状态，灰色或灰红色。黏膜内有壳腺，能分泌钙质、角质和色素，形成蛋壳。此段分泌钙质、角质和色素的能力直接影响到蛋壳的硬度和色泽。

阴道部：是输卵管末端变窄的部分，形状呈 S 形，开口于泄殖道的左侧，是雌禽的交配器官，交配后可贮存精子。阴道部黏膜内的腺体分泌一薄层致密的角质膜被覆在卵壳表面。

2. 母禽的生殖生理

（1）母禽的生殖生理特点。主要表现在没有发情周期，胚胎在母体外发育，没有妊娠过程，连续产蛋，生殖季节明显。在一个连续产蛋周期中，母禽产蛋后很快又发生下次排卵，这与脑垂体分泌激素有关。脑垂体分泌的促黄体生成素与促卵泡激素协同诱导卵巢排卵。光照可影响到脑垂体的分泌机能，因而养禽生产中可通过人工延长光照的办法来提高产蛋率，改变春季长光照母禽的生殖活动强、秋季短光照生殖活动弱的现象。现在，家禽经过长期驯化和选育，生殖季节变得越来越不明显，有些良种母禽整年均可排卵。卵泡排卵后，不形成黄体，卵内含有大量的卵黄，卵的外面包有坚硬的壳。

（2）蛋的形成和产蛋。蛋的形成是卵巢和输卵管各部共同作用的结果。蛋黄由肝合成，其主要成分是卵黄蛋白和磷脂。卵子从卵巢排出后，输卵管漏斗部将其捕获，然后输卵管伞收缩，加上漏斗壁的活动，迫使在旋转中的卵进入输卵管的腹腔口。在输卵管漏斗部，卵子在此停留并受精，卵子进入蛋白分泌部后在旋转中继续向后移动，约经3h，在蛋黄的表面形成系带及蛋白层（蛋清形成）。在峡部，蛋清表面形成柔韧的卵壳膜（软蛋形成）。卵壳膜分内外两层，其间在蛋的大头一端形成气室。软蛋进入子宫部后，停留时间长达20h左右，在子宫肌层的作用下旋转，使钙质、角质和特有的色素均匀地沉积在卵壳膜表面，经硬化后成硬蛋壳。在阴道部，蛋壳的外表面又覆盖一薄层致密的角质膜（壳上膜或护壳膜），有防止蛋内水分蒸发、阻止蛋外微生物侵入和润滑阴道等作用。蛋完全形成后，在输卵管的强烈收缩作用下很快产出。

鸡蛋的形成

（3）就巢性。就巢性俗称抱窝，是母禽特有的行为，表现为愿意坐窝、孵蛋和育雏。抱窝期间雌禽食欲不振，体温升高，羽毛蓬松，发出咯咯声，很少离蛋运动寻觅食物。就巢期间停止产蛋。就巢性与催乳素有关，注射雌激素可使其停止。

> **小贴士**
>
> ### 蛋 的 结 构
>
> 蛋由蛋壳、蛋白和蛋黄三部分组成。
>
> 蛋壳是最外面的硬壳，主要成分是碳酸钙。在蛋壳的内侧是蛋壳膜，分为内外两层，外层称为蛋外壳膜，厚而粗糙；内层称为蛋内壳膜，薄而致密。在蛋的钝端形成气室。蛋壳上密布小的气孔，在胚胎发育过程中可进行水分和气体的代谢。
>
> 蛋白位于蛋壳内蛋黄外，在靠近蛋黄周围的是浓蛋白，接近蛋壳为稀蛋白。蛋黄两端形成白色螺旋形的系带，有固定蛋黄的作用。
>
> 蛋黄为家禽的卵细胞，呈黄色的球状。位于蛋的中央，由薄而透明的蛋黄膜包裹。在蛋黄上面有一白色圆点，受精蛋称为胚盘，结构致密；未受精蛋称为胚珠，结构松散。

课题7 禽心血管系统和免疫系统

一、心血管系统特点

心血管系统由心脏、血管和血液构成。

1. 心脏 心脏为圆锥形的肌质性中空器官，位于胸腔前下部的心包内，在肝的左右两叶之间，基本结构与家畜心脏相似。占身体的比例大于哺乳动物。

2. 血管 家禽血管分布有以下特点。

(1) 全身的静脉汇集形成两条前腔静脉和一条后腔静脉,开口于右心房的静脉窦(鸡的左前腔静脉直接开口于右心房)。

(2) 具有两门静脉系统(肝门静脉系统和肾门静脉系统)。

(3) 颅底颈静脉间吻合为桥静脉。

(4) 翼部的尺深静脉是前肢的最大静脉,是家禽采血和静脉注射的部位。

3. 血液 家禽的血液成分与家畜的基本相似。其特点是红细胞有核,呈卵圆形,体积比家畜大,数量比家畜少。白细胞有中性粒细胞、嗜酸性粒细胞、嗜碱性粒细胞、淋巴细胞、单核细胞,数量比家畜多。无血小板,有凝血细胞。凝血细胞较小、有核,呈卵圆形,参与血液凝固过程。血浆中的免疫球蛋白种类与家畜的不同。

家禽的心跳频率快,鸡100~200次/min,鸭140~200次/min,鹅120~160次/min。

二、免疫系统特点

免疫系统由淋巴组织、淋巴器官、免疫细胞等组成。

1. 淋巴组织 家禽的淋巴组织广泛地分散于消化管及其他实质性器官内,呈弥散状或小结节状。在盲肠基部和食管末端的淋巴集结,又称为盲肠扁桃体、食管扁桃体。盲肠扁桃体位于盲肠基部膨大处的固有膜和黏膜下层,主要由较大的生发中心和弥散淋巴组织构成,其功能是对肠道内的细菌和其他抗原性物质起局部免疫作用。

2. 淋巴器官

(1) 胸腺。家禽胸腺位于颈部气管的两侧,沿颈静脉直到胸腔入口的甲状腺处。呈淡黄色或黄红色。鸭、鹅有5对,鸡有7对,呈一长链状。幼禽发达,在接近性成熟时最大,以后逐渐退化,成年鸡只留下痕迹。其功能与家畜胸腺相同。

(2) 法氏囊。法氏囊又称为腔上囊,是家禽所特有的免疫器官,位于泄殖腔肛道背侧,开口于肛道。鸡的法氏囊呈圆形,4~5月龄最发达,性成熟开始退化,至10月龄基本消失,其黏膜形成12~14个菊花状黏膜纵褶;鸭、鹅的法氏囊为长椭圆形,3~4月龄最发达,一年左右消失,其黏膜形成2~3个菊花状黏膜纵褶。法氏囊的主要机能是产生B淋巴细胞,参与机体的体液免疫。

(3) 脾。脾位于腺胃的右侧,红褐色。鸡的脾呈球形,鸭、鹅的脾呈钝三角形。外包有薄的结缔组织膜,红髓与白髓的界限不清。禽脾功能与家畜相似。

(4) 淋巴结。鸡无淋巴结。水禽有两对淋巴结,一对是颈胸淋巴结,呈纺锤形,位于颈基部;另一对是腰淋巴结,位于腰部主动脉的两侧。

3. 免疫细胞 家禽的单核巨噬细胞系统的组成及功能与家畜的基本相同,其免疫能力高低可因禽体况好坏而相应出现增强或减弱。因此,在养禽业中,注意增强家禽抗病力,尽量避免对禽体产生各种不良刺激。

课题8 禽内分泌系统与神经系统

一、内分泌系统特征

家禽的内分泌系统由甲状腺、甲状旁腺、脑垂体、肾上腺、腮后腺、松果腺等内分泌器官和分散于胰腺、卵巢、睾丸等器官内的内分泌细胞构成。

1. 甲状腺　甲状腺是成对的器官，呈椭圆形、暗红色的小体。位于胸腔入口处气管两侧，紧靠颈总动脉和颈静脉。甲状腺的主要机能是分泌甲状腺素，其作用是促进禽体的新陈代谢、生长发育及正常的周期性换羽。

2. 甲状旁腺　甲状旁腺呈黄色或淡褐色，为很小的两对腺体。位于甲状腺后端。可分泌甲状旁腺素。甲状旁腺素能调节钙、磷代谢，维持血液中钙、磷浓度的相对稳定性。

3. 脑垂体　脑垂体呈扁平长卵圆形，以垂体柄连于丘脑下部，分前叶和后叶。其中前叶能分泌生长素、促甲状腺素、促肾上腺皮质激素、促卵泡生成素、促黄体生成素和催乳素。前三种激素作用等同于家畜，后三种激素分别能促进卵泡成熟、诱发排卵；刺激睾丸分泌雄性激素；促进抱窝、换羽等。

4. 肾上腺　肾上腺位于肾前端，左右各一，呈卵圆形、锥形或不规则形，黄色、橘黄或淡褐色。分皮质和髓质，皮质主要分泌糖皮质激素、盐皮质激素；髓质主要分泌肾上腺激素和去甲肾上腺激素。这些激素的作用与家畜的相同。

5. 腮后腺　腮后腺为成对器官，呈球形，淡红色。位于甲状腺和甲状旁腺的后方，能分泌降钙素，其作用是参与调节体内钙的代谢。母禽在产蛋期间降钙素分泌减少，血钙增加。

> **小贴士**
>
> 　　一般家禽的钙磷比例为 (1~1.5)：1，而产蛋鸡的钙磷比达到了 (5~6)：1，腮后腺对蛋鸡体内的钙磷代谢有重要的调节作用，产蛋期髓质骨的形成和破坏过程交替进行。在蛋壳钙化过程中，大量的髓质骨被吸收，使骨针变短、窄。一天当中不形成蛋壳时钙就贮存在髓质骨中，在形成蛋壳时就要动用髓质骨中的钙，髓质骨相当于钙质的仓库。母鸡在缺钙时可以动用骨中38%的矿物质，如果再从皮质骨中吸取更多的钙，就要发生瘫痪。

6. 胰岛　胰岛是指分散在胰腺中的细胞群，可分泌能降低血糖浓度的胰岛素和能升高血糖浓度的胰高血糖素。两者共同调节家禽体内糖的代谢，维持血糖的平衡。

7. 性腺　性腺是指公禽的睾丸和母禽的卵巢，睾丸可产生精子，分泌雄性激素。雄激素能促进公禽生殖器官生长发育，促进精子发育和成熟，促进公禽第二性征的出现与维持。

卵巢可产生卵子，分泌雌激素和孕激素。雌激素可促进输卵管发育，促进第二性征的出现与维持及配合蛋在体内的形成过程。孕激素能促进母禽的排卵。

二、神经系统与感觉器官特征

1. 神经系统　家禽的神经系统由中枢神经和外周神经组成，与家畜比较有其自身的特点。

（1）中枢神经。家禽的脊髓细而长，纵贯椎管全长，后端不形成马尾。家禽的脑较小，呈桃形，脑桥不明显，延髓不发达。大脑半球呈前窄后宽形状，表面光滑，皮质层较薄，无脑沟和脑回。小脑蚓部发达。中脑顶盖形成一对发达的中脑丘和一对半环状枕，分别相当于家畜中脑的前丘和后丘。嗅脑较小，故家禽的嗅觉不发达。

（2）外周神经。臂神经丛发出桡神经和正中神经，支配翼部。腰荐神经丛分出禽最大的坐骨神经，支配后肢。荐部副交感神经支配泄殖腔和泌尿生殖器官。内脏器官神经的支配与家畜相同。

2. 感觉器官

（1）视觉器官。家禽的视觉发达，眼睛较大，位于头部两侧。瞬膜（第三眼睑）发达，能将眼球完全盖住，有利于水禽的潜水和飞翔。在瞬膜内有哈德氏腺，能分泌黏液性分泌物，有清洁、湿润角膜作用。哈德氏腺还是禽体的淋巴器官。

（2）位听觉器官。家禽无耳郭，有短的外耳道。外耳孔呈卵圆形，周围有褶，被小的羽毛覆盖，可减弱啼叫时剧烈震动对脑的影响，还能防止小昆虫、污物的侵入。

课题9 禽 体 温

家禽的体温比家畜高，成年家禽正常的直肠温度为：鸡 39.6~43.6℃，鸭 41.0~42.5℃，鹅 40.0~41.3℃，鸽 41.3~42.2℃，火鸡 41.0~41.2℃。家禽的正常体温受气候、光照、禽体的活动和内分泌等因素的影响。如在白天，气候温度高，光照强，禽体活动频繁，体温维持在高限范围内。

在家禽的喙部、胸腹部有温度感受器，丘脑下部有体温调节中枢。家禽没有汗腺，体表被覆羽毛，散热能力差。当外界温度过高时，会出现翅膀下垂、站立、热喘息、咽喉颤动等异常表现，有助加强散热，减少产热。当外界温度过低时，家禽出现单腿站立、坐伏、头藏于翅膀下、相互拥挤、争相下钻、肌肉寒战、羽毛蓬松等表现，以减少散热，加强产热。幼禽的体温调节能力较差，雏禽刚出壳时，体温低于 30℃，至 2~3 周龄方达成年禽正常体温范围。因此，在育雏过程中，应特别注意人工保温。家禽的耐寒能力比耐热能力稍强些。

【实验实习与技能训练】

一、禽体表特征的识别

（一）目的要求

通过实习，能在活体或标本上，识别鸡、鸭、鹅的主要体表部位；重要的骨性和肌性标志；主要的皮肤衍生物。

（二）材料及设备

家禽的体表名称挂图、活鸡、活鸭（鹅）或鸡、鸭（鹅）的模型、标本等。

（三）方法步骤

先在挂图、标本或模型上进行识别，然后在活鸡、鸭（鹅）机体上识别主要器官的形态位置，并能熟练掌握。

（1）识别鸡、鸭的头部、颈部、嗉囊、胸背部、腰腹部、泄殖孔、裸区等主要体表部位。

（2）识别鸡、鸭（鹅）前肢（翼部）、后肢（腿部）各骨和关节，胸骨、尾综骨、胸大肌、腿肌、翼下尺静脉等主要器官的所在部位，识别耻骨间距、趾骨间距。

（3）识别鸡、鸭（鹅）的各种羽毛、喙、尾脂腺、鸡冠、肉垂、耳叶、距、趾、爪、鸭蹼、鳞片等皮肤衍生物。

（四）技能考核

在禽体上（鸡或鸭）识别出上述的结构。

二、家禽的解剖方法与程序及家禽主要器官的识别

（一）目的要求

掌握鸡、鸭（鹅）等家禽的解剖方法与程序；识别家禽消化、呼吸、泌尿和生殖系统各主要器官的位置、形态构造。

（二）材料与设备

活的公鸡、母鸡（或鸭、鹅）及解剖器械（如刀、剪、镊子、骨钳、解剖板或台、细胶管、棉线、脸盆等）。

（三）方法步骤

1. 解剖家禽方法与程序

（1）家禽致死及仰卧保定。将家禽切颈（不可断头）放血致死，仰卧于解剖台上，用水或消毒水湿润全身羽毛，以免羽毛飞扬。

（2）家禽皮肤剥离。用力向下方按压两腿，使禽体平稳摆放，在喙的腹侧正中开始，沿颈部、胸部、腹部腹侧正中到泄殖孔，剪开皮肤，并向两侧剥离到两前肢、后肢与躯干联结处。

（3）胸腹腔的剖开。在胸骨与泄殖腔之间横剪开腹壁。从此切口沿胸骨两侧剪断肋骨至锁骨，再剪断心脏、肝与胸骨相连接的结缔组织，把胸骨翻向前方，观察内脏器官的位置形态及其相互之间的位置关系。

（4）观察气囊。将细塑料管插入喉，慢慢吹气，并用棉线结扎气管，观察各气囊的位置与形态，然后剪断胸骨。

2. 内脏器官的观察

（1）消化系统各器官位置及形态的观察。观察喙、腭裂、舌、食管、鸡嗉囊、腺胃和肌胃、腺胃乳头、肌胃类角质膜；确认小肠的十二指肠袢、空肠、回肠以及肝、胰；识别大肠的两条盲肠、直肠和泄殖腔并注意区分粪道、泄殖道和肛道，观察腔上囊和盲肠扁桃体的位置；注意观察脾的位置、形态。

（2）呼吸系统各器官位置及形态的观察。观察鼻孔、喉口、气管、鸣管、支气管和肺，注意观察肺的颜色、位置。

（3）泌尿系统各器官位置及形态的观察。观察左右两肾和左右输尿管，注意观察肾位置、形状、颜色和分叶。

（4）生殖系统各器官位置及形态的观察。观察公禽的睾丸、输精管，注意其位置、颜色，注意输精管起止端。观察母禽的卵巢和输卵管，注意观察卵巢形态和各期卵泡，输卵管各段的区分及各部黏膜面，输卵管伞、腹腔口及输卵管与泄殖腔的连通关系。

3. 心和坐骨神经观察 观察心和心包，注意其位置及心腔结构；翻开股二头肌，观察坐骨神经的位置、颜色和粗细均匀情况。

（四）技能考核

按照解剖步骤，进行鸡或鸭的解剖；在禽体上（鸡或鸭），识别消化器官、呼吸器官、

泌尿器官、生殖器官的位置、形态及结构。

(五) 作业

(1) 绘出禽消化系统简图。

(2) 绘出母禽生殖系统简图。

三、鸡的采血

(一) 目的要求

通过实习,掌握鸡的采血部位、采血方法及步骤。

(二) 材料与设备

活鸡、酒精棉球、止血棉球、针头、注射器等。

(三) 方法与步骤

1. 翼下静脉采血 将鸡保定好,用酒精棉球消毒翅膀内侧的采血部位,酒精干燥后用针头刺破翼下静脉,待血液流出后吸取。也可用细的针头刺入静脉内,让血液自由流入瓶内。采血后,用干棉球压迫采血部位,进行止血。

2. 鸡冠采血 将鸡只保定好,用酒精棉球消毒鸡冠,待酒精干燥后,在消毒部位用针头刺破鸡冠,待血液流出后采取。采血后用干燥棉球进行压迫止血。

3. 心脏采血 将鸡右侧卧保定,用手触摸胸部心搏动最明显处,用酒精棉球消毒,待酒精干燥后,用注射器在胸骨嵴前端至背部下凹处连接线的 1/2 点进针,针头与皮肤垂直,刺入 2~3cm 即可采到心脏血液。再用酒精棉球消毒进针部位。

(四) 技能考核

选取上述采血方法中的一种,正确地在鸡体上进行采血。

【复习思考题】

1. 家禽的骨骼与家畜有何不同点?
2. 禽类的消化器官有哪些? 说明鸡嗉囊、胃、肠的位置、形态结构及其作用。
3. 禽的呼吸器官构造特点有哪些? 为什么较小的肺能适应较强的新陈代谢?
4. 结合蛋的形成,说明输卵管各部形态和生理机能。
5. 家禽特有的免疫器官有哪些? 说明其位置、形态结构和生理功能。
6. 家禽是如何调节体温的? 为什么生产中育雏需要人工保温?

单元六

经济动物解剖生理特征

> **单元导航**
>
> 通过学习本单元，了解经济动物（兔、狐、鹿、水貂、鸵鸟）运动系统与被皮系统的特点，掌握经济动物消化、呼吸、泌尿、生殖系统的组成，以及主要内脏器官的位置、形态构造和机能，了解经济动物的生理常数和生活习性。

经济动物是指除传统的家畜（如牛、马、羊、猪等）、家禽（如鸡、鸭、鹅等）和鱼类以外，那些正在驯化、半驯化或驯化历史不长的珍贵毛皮用、药用、肉用和观赏、伴侣动物。经济动物的基本构造和生理机能与家畜、家禽大致相同，但在形态结构及功能方面有其自身特点。本单元仅介绍兔、狐、鹿、水貂、鸵鸟5种代表性经济动物的解剖生理特征。

课题1 兔的解剖生理特征

一、解剖结构特征

兔属单胃草食动物，品种较多。兔的生活习性是昼伏夜出，胆小怕惊，性情温顺。怕热、怕挤、怕潮，喜欢安静、清洁、干燥的环境。听觉和嗅觉发达敏锐。家兔虹膜因品种不同，可有各种颜色（如灰色、黑色、红色及天蓝色）。耳大而长，血管明显，可自由转动。颈短，颈下有皮肤皱褶——肉髯。背腰弯曲呈弓形，腹大、胸小，后肢长而有力。

（一）骨骼、肌肉与被皮

1. 骨骼 全身骨骼也分为头部骨、躯干骨、前肢骨和后肢骨（图6-1）。结构和组成与其他哺乳动物相似。

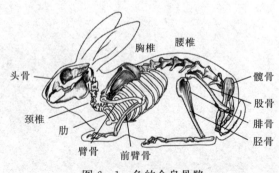

图6-1 兔的全身骨骼

头骨上眶窝较大,面骨前部有较大的腭裂。最后3对肋为浮肋。前肢骨短而不发达。有锁骨。腕骨发达,掌骨有5块,有5指,指节骨远端皆附有爪,这些特征使得家兔擅长挖洞。后肢骨长而发达。

2. 肌肉 兔的肌肉较发达,肌肉总重量约占体重的一半。颈部及前肢的肌肉不发达,腰部及后肢的肌肉很发达,这与兔的生活习性密切相关。

3. 被皮 家兔的表皮很薄,真皮层较厚,坚韧而有弹性。兔全身被覆被毛,有粗毛、绒毛和触毛。仔兔出生后30d左右才形成被毛。成年兔春、秋各换毛一次。兔的汗腺不发达,故兔不耐热。皮脂腺遍布全身,能分泌皮脂润泽被毛。母兔的腹部有3~6对乳腺。

(二) 内脏解剖特征

1. 消化系统 兔上唇中央的纵裂(俗称兔裂)将唇分成左右两部,常显露门齿。兔有两对上门齿,前方为一对大门齿,后方为一对小门齿。门齿生长较快,常有啃咬、磨牙习性。切齿和犬齿有较大的齿槽间缘。唾液腺较发达,唾液中含消化酶。

咽和食管与其他哺乳动物相似。

兔胃是单室胃,横位于腹腔前部。胃大弯很长,胃小弯很短。胃腺及平滑肌较发达。胃液酸度较高,消化力很强。健康家兔的胃经常充满食物(图6-2)。

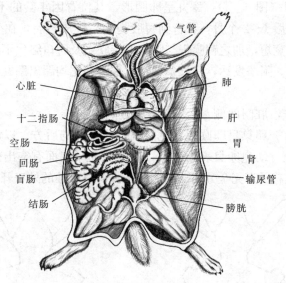

图6-2 兔的内脏

肠管较长(体长的10倍以上),容积较大,具较强的消化吸收功能。

小肠包括十二指肠、空肠和回肠。回肠较短,以回盲褶连于盲肠。回肠与盲肠交界处为肠壁增厚膨大的圆小囊。圆小囊囊壁色较浅,呈灰白色,黏膜中含有大量淋巴组织,是重要的免疫器官。

大肠包括盲肠、结肠和直肠。盲肠特别发达,体积庞大,呈卷曲的锥形体,分为基部、体部和尖部。基部粗大,壁薄,黏膜表面有螺旋瓣,黏膜中有盲肠扁桃体;盲肠尖部突起,形成管腔狭窄的、灰白色、壁内含有丰富淋巴滤泡的蚓突。结肠管径由粗变细,外表有三条纵肌带和三列肠袋。盲肠和结肠均位于腹腔右后下部(图6-3)。在直肠末端的侧壁有直肠腺,分泌物带有特殊臭味。

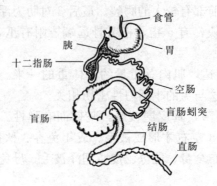

图 6-3 兔消化器官

2. 呼吸与泌尿系统 兔的呼吸器官与其他哺乳动物相似。肺不发达，呼吸是兔体蒸发水分和散发体热的主要途径。

兔的泌尿器官与其他哺乳动物相似。公兔尿道细长，起始于膀胱颈，开口于阴茎头端。母兔尿道宽短，起始于膀胱颈，开口于尿生殖前庭。

3. 生殖系统

（1）公兔生殖器官（图 6-4）。睾丸呈卵圆形，其位置因年龄的不同而不同。胚胎时期，睾丸位于腹腔内，出生后 1~2 个月，移行到腹股沟管。性成熟后，在生殖期间睾丸临时下降至阴囊。因兔腹股沟管宽短，加之鞘膜仍与腹腔保持联系及管口终生不封闭，故睾丸可自由地下降到阴囊或缩回腹腔。附睾发达，呈长条状，附睾头和尾均超出睾丸的头尾，附睾尾部折转向上移行为输精管。

阴囊位于股部后方，肛门两侧，2.5 月龄后方能显现。

（2）母兔生殖器官。卵巢呈卵圆形，色淡红，位于肾的后方，以短的卵巢系膜悬于第五腰椎横突附近的体壁上。幼兔卵巢表面光滑，成年兔卵巢表面有突出的透明小圆形卵泡。

子宫属双子宫，左右子宫完全分离。两侧的子宫各以单独的外口开口于阴道。

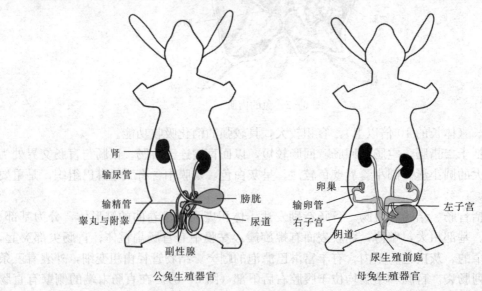

图 6-4 兔的生殖器官

二、生理特征

1. 消化生理特点 兔口腔的特殊构造，使门齿易显露，便于啃食短草和较硬的物体；发达的盲肠和结肠内有大量的微生物，对饲料中粗纤维的消化能力较强。

兔有摄食粪便的习性。兔排软、硬两种不同的粪便，软粪中含较多的优质粗蛋白和水溶性维生素。正常情况下，兔排出软粪时，会自然地弓腰用嘴从肛门摄取，稍加咀嚼便吞咽至胃。摄食的软粪与其他饲料混合后，重入小肠消化吸收。

2. 生殖生理特点 一般母兔性成熟年龄为 3.5~4.0 月龄，公兔为 4.0~4.5 月龄。刚达性成熟年龄的公、母兔不宜立即配种，初配年龄应再推后 1~3 个月。兔为刺激性排卵动物，排卵发生于交配刺激后 10~12h，排卵数为 5~20 个。妊娠期 30~31d。孕兔一般在产前 5d 左右开始衔草做窝，临近分娩时用嘴将胸腹部毛拔下垫窝。分娩多在凌晨，有边分娩边吃胎衣的习性。

兔的正常生理常数：体温 38.5~39.5℃，心率 120~140 次/min，呼吸数 32~60 次/min。

课题 2　狐、貂的解剖生理特征

一、解剖结构特征

（一）狐的解剖结构特征

狐与犬同为食肉目犬科动物，两者的解剖生理特征基本相同，其形态、大小、长短稍有差别。目前我国人工饲养的有赤狐、银黑狐、北极狐等品种。与犬相比，四肢短，爪尖，吻尖，尾长而毛蓬松。毛色有火红、黑色、白色、浅蓝等。狐机警狡猾，嗅觉和听觉灵敏，昼伏夜出，行动敏捷。

1. 骨骼、肌肉与被皮

（1）骨骼。狐的全身骨骼特征与犬相似。肩带部除有肩胛骨外，还有埋在肌肉中的锁骨，呈规则的三角形薄骨片或软骨片。狐的头骨外形与品种密切相关。长头型品种面骨较长，颅部较窄；短头型品种面骨很短，颅部较宽。

（2）肌肉。狐的皮肌十分发达，几乎覆盖全身。颈皮肌发达又称颈阔肌，可分为浅深两层；肩臂皮肌为膜状，缺肌纤维；躯干皮肌十分发达，几乎覆盖整个胸、腹部，并与后肢筋膜相延续。全身肌肉发达，耐久性好。

（3）被皮。狐的汗腺不发达，只在趾球及趾间的皮肤上有汗腺，故狐通过皮肤散热的能力较差。毛分为被毛和触毛，颜色多种多样。被毛按长短可分为长毛、中毛、短毛、最短毛 4 种；按毛质度可分为直毛、直立毛、波状毛、刚毛、针毛等。尾毛形状分为卷尾、鼠尾、钩状尾、直立尾、螺旋尾、剑状尾等。狐是季节性换毛，一般在每年 9 月份开始进入冬毛生长期。

2. 内脏解剖特征

（1）消化系统。口腔与犬相似，齿尖而锋利，第四上臼齿与第一下后臼齿特别发达，称为裂齿，具有强有力的撕裂食物的能力。齿大而尖锐并弯曲成圆锥形，上犬齿与隅齿间有明显的间隙，正好容受闭嘴时的下犬齿。

狐胃属于单室有腺胃，容积较大，呈长而弯曲的梨形。肠管比较短，小肠长约4m，大肠60~75cm，空肠形成6~8个肠袢。回肠短，末端有较小的回盲瓣。盲肠退化，呈S形，位于右髂部，盲尖向后。结肠与犬一样，直肠壶腹宽大，肛管两侧有肛门囊，内有肛门腺，分泌物有难闻的异味。

（2）呼吸系统。鼻孔呈逗点状，鼻镜部无腺体，其分泌物来源于鼻腔内的鼻外侧腺。嗅觉极灵敏。

狐肺很发达，分为7叶。右肺显著大于左肺，分前叶、中叶、后叶和副叶；左肺分前叶和后叶，其前叶又分前、后两部。狐在夏季炎热的天气或运动后，伸舌流涎，张口呼吸，以加快散热。

（3）泌尿系统。狐肾与犬相似，膀胱稍小，位于骨盆腔内。

（4）生殖系统。公狐的生殖器官由睾丸、输精管、副性腺和阴茎组成。结构与犬相似。成年公狐睾丸较小，无精子生成。8月末至9月初，睾丸开始发育，11月份发育明显加快，重量和大小都有所增加，触摸时具有一定的弹性。附睾较大，紧附于睾丸背外侧。无精囊腺和尿道球腺，仅有较发达的前列腺。前列腺位于耻骨前缘，环绕在膀胱颈及尿道起始部，呈黄色坚实的球状。输精管和副性腺也随睾丸呈季节性变化。阴茎结构与犬相似。包皮呈圆筒状，内有淋巴小结。阴囊位于两股间的后部，常有色素并生有细毛，阴囊缝不太明显。

母狐的卵巢成对，位于第三至第四腰椎横突腹侧。一般呈扁平的长卵圆形，体积较小，表面常有突出的卵泡。卵巢在非发情期常隐藏于发达的卵巢囊中。输卵管比较细小，输卵管伞大部分在卵巢囊内。其腹腔口较大，子宫口很小。子宫为双角子宫，子宫黏膜内有子宫腺，表面有短管状陷窝。阴道较长，前端稍细，无明显的穹隆。交配时，前庭受刺激而剧烈收缩，两突起膨大，与公狐阴茎球状体共同作用，出现连裆（连锁）现象。母狐的阴门，上圆下尖，非繁殖期被阴毛覆盖而不显露，繁殖期（发情期）有明显的形态变化。

（二）水貂的解剖结构特征

水貂为肉食目鼬科动物。体型较小，头小颈短，嘴尖，耳小，四肢短，尾细长，毛蓬松。貂性情凶猛，攻击性强，多在夜间活动。善于游泳和潜水，属半水栖动物。水貂的标准色为黑褐色，经过长期的人工驯养培育出一些其他毛色的水貂，如白色、米黄色、灰蓝色、烟色等几十种颜色的彩貂。

1. 骨骼、肌肉与被皮 水貂全身骨骼约有201块（图6-5）。颈椎7块，胸椎14块，腰椎6块，荐椎3块，尾椎17~21块。肋有14对，前9对为真肋，后5对为假肋。胸骨有8块骨片构成。前后肢均具5指（趾），指（趾）端有利爪。指（趾）基间具有微蹼，后肢的蹼比前肢蹼明显。阴茎中有阴茎骨。尾细长，尾毛长而蓬松。肛门两侧有一对肛腺。肌肉基本同犬。

2. 内脏解剖特征

（1）消化系统。唇较薄，灵活性差。上唇正中有浅沟。上唇前端与鼻孔间形成暗褐色光滑湿润的鼻唇镜。水貂的牙齿特别发达，是捕食、咀嚼食物及抵抗攻击的主要武器。门齿排列紧密，体积极小，自内向外逐渐增大，犬齿极发达。唾液腺也较发达。

胃与犬相同，也是单室胃。

小肠分为十二指肠、空肠和回肠，总长度是体长的4倍。空肠肠袢较多，位于左髂部、

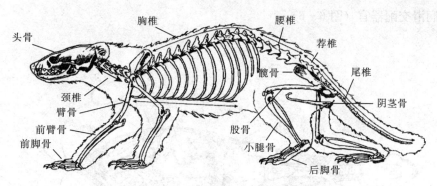

图 6-5 貂的全身骨骼

左腹股沟部和腹腔底部。大肠分结肠和直肠，无盲肠。回肠末端以回结口通结肠，回结瓣极小。结肠有许多肠袢，盘绕在腹腔右髂部上方。直肠较短，无直肠壶腹。肛门两侧有发达的肛门腺，与犬的相似。

（2）呼吸系统。鼻腔嗅黏膜肥厚且皱褶较多，嗅觉灵敏。气管、支气管、肺等呼吸器官与犬的相似。

（3）泌尿系统。右肾位于第十三、十四肋上端至第一腰椎横突腹侧；左肾位于第十四肋上端至第三腰椎横突腹侧。输尿管、膀胱的形态位置与犬的相似。

公水貂尿道细长而弯曲，母水貂尿道短而直。

（4）生殖系统。

①公水貂生殖器官。

睾丸和附睾：成对，位于阴囊内。睾丸呈长卵圆形，体积大小随不同的季节有明显的变化，配种期比平时增大 4～5 倍。睾丸纵隔较发达。附睾附着于睾丸的上端偏外侧，睾丸借附睾韧带与附睾相连。

副性腺：仅有前列腺，无精囊腺和尿道球腺。前列腺位于尿生殖道骨盆部起始端背外侧，分为左右两叶，每叶又分前后两部。前列腺产生的精清通过较多的小孔排入尿生殖道中。

阴茎：包括阴茎海绵体部和阴茎骨部。阴茎骨部有一块阴茎骨（长约 5cm），表面包有白膜，前端有弯向背侧的阴茎小钩。

阴囊：位于两股部之间的后上方，外观不太明显。阴囊壁的肉膜欠发达，但填充有脂肪层。

②母水貂生殖器官。母水貂生殖器官由卵巢、输卵管、子宫、阴道、尿生殖前庭和阴门组成。

卵巢：埋于腹脂中，呈扁平的长椭圆形，其体积大小和重量因繁殖季节而变化，非发情期较小、较轻。

输卵管：长约 3cm，呈花环状包绕于卵巢囊中，末端以输卵管子宫口连通子宫角。

子宫：呈 Y 形，为双角子宫。子宫角内壁有纵行皱褶，子宫体前部为子宫伪体。子宫颈较狭窄，后端突入阴道中。

阴道：为背腹稍扁的肌质管道，长约 2.4cm，中段有阴道狭窄部。

尿生殖前庭：较宽短，是排尿和生殖的共用通道。侧壁黏膜中有前庭小腺，交配时可分泌黏液以润滑交配器官（图6-6）。

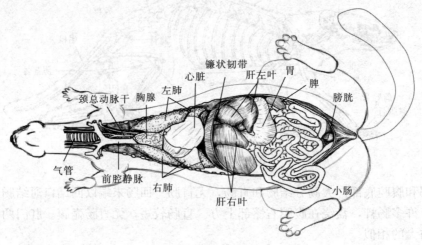

图6-6 貂的内脏器官

二、生理特征

1. 狐的生理特征 狐是季节性发情动物，一般在春季发情。在夏季（6—8月），母狐的生殖器官体积最小，处于静止状态。9—10月卵巢体积逐渐增大，卵泡开始发育，黄体开始退化。到11月黄体逐渐消失，卵泡迅速增长，翌年春季发情排卵。输卵管、子宫及阴道也相应地随着卵巢的发育而发生变化。狐是自发性排卵动物，两个卵巢可交替排卵。狐的妊娠期为49~58d。

狐的正常生理常数：体温38.7~41.0℃，心率80~140次/min，呼吸数15~45次/min。

2. 水貂的生理特征 由于自然选择结果，水貂形成了适应高纬度地区光周期的季节性繁殖和季节性换毛。

水貂性成熟年龄为9~10月龄，繁殖利用年限一般为3~4年。发情配种多在每年的2—3月。在发情季节有2~4个发情期，每个发情期为6~9d，持续发情时间1~3d。貂为刺激排卵，排卵多发生在交配后36~42h。

水貂的正常生理常数：体温39.5~40.5℃，心率140~150次/min，呼吸数26~36次/min。

课题3 鹿的解剖生理特征

一、解剖结构特征

鹿属于反刍动物，现已驯养的茸用鹿有梅花鹿、马鹿、水鹿、海南坡鹿和白唇鹿等。鹿的体型特征为耳大直立、颈细长、尾短、四肢长，后肢肌肉发达，蹬力大，善弹跳，公鹿有角，母鹿无角等。鹿胆怯易惊，警惕性高，常一呼共鸣立即奔逃，行动敏捷。喜群居，怕热耐寒。

（一）骨骼、肌肉和鹿角

1. 骨骼 鹿的骨骼与牛的骨骼很相似，全身骨骼分为头部骨、躯干骨、前肢骨和后肢骨（图6-7）。

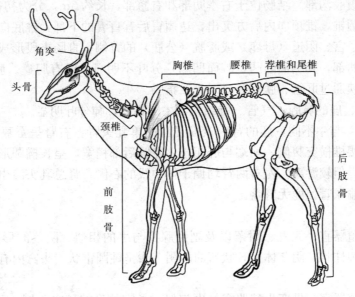

图 6-7 鹿的全身骨骼

鹿额骨发达，额骨上有角突，是角的骨质基础。额骨内无额窦。上颌骨是面骨中最大的一块，内有发达的上颌窦。

鹿的四肢骨发达，比牛细长，肌腱也发达，因此奔跑迅速，弹跳力强。第三、四掌骨愈合构成一块长骨，称为"炮骨"。驯鹿蹄大而圆，蹄周生有许多硬度、弹力极强的细刚毛，形成毛刷在蹄周围，行走时增加了蹄的着地面积，减轻单位面积的负重量。

2. 肌肉 鹿的肌肉与牛的相似。

3. 鹿角 公鹿有角，母鹿没有角。角位于头部的额骨和顶骨边缘上的骨突出部。从未骨化的鹿角纵断面观察，角质致密，角内无腔洞。鹿角呈周期性脱落，一般每年脱一次。角的叉数随着年龄的增长而增多。未骨化的鹿角称为鹿茸，柔软，被覆皮肤和被毛，富含血管。角逐渐骨化后，皮肤剥落。

（二）内脏构造特征

1. 消化系统 鹿消化系统的解剖生理特征与牛、羊的基本相似。

鹿唇灵活，是采食的主要器官。唇部皮肤有被毛及长触毛，下唇较短小，触毛较多。上唇与鼻孔间有暗褐色光滑湿润的鼻唇镜。上颌无切齿，下颌每侧各有4个切齿。公鹿犬齿发达，母鹿下颌无犬齿。唾液腺发达。

与牛一样，鹿胃也是多室胃，分瘤胃、网胃、瓣胃和皱胃。前三个胃为无腺胃，为前胃，而皱胃黏膜含有消化腺，为真胃。

瘤胃体积庞大，占据左腹腔及部分右腹腔，呈前后隆突、左右稍扁的椭圆形囊状，结构与牛瘤胃相似，唯多一个后腹副囊。以瘤网口通网胃。

小肠分十二指肠、空肠和回肠。十二指肠长约40cm，其末端有肝管和胰管的开口。空肠约13m，位于右季肋部、右髂部和右腹股沟部，有较短的系膜连于结肠圆锥的周边。回肠很短，以回盲韧带与盲肠相连，末端有回盲瓣突入盲肠。

大肠分为盲肠、结肠和直肠。盲肠长约15cm，管径较粗大。盲肠体位于右髂部，盲肠尖向后可伸达右腹股沟部。结肠位于右季肋部和右髂部，长约5m，分为初袢、旋袢和终袢。旋袢盘曲成结肠圆锥，锥顶向内后方突出，达瘤胃后背盲囊的下部，锥底向外侧，位于右肾下方。直肠位于子宫、阴道（母鹿）或膀胱（公鹿）的背侧，直肠末段形成直肠壶腹。

肝位于右季肋部，其膈面隆凸，脏面凹陷，分叶不明显，没有胆囊。胰位于右季肋部，呈灰黄色。肝和胰通过肝管、胰管开口于十二指肠。

2. 呼吸系统　鹿的鼻腔、气管、肺结构与牛的相似，肺分叶明显。

3. 泌尿系统　与牛不同，鹿的肾为表面光滑的单乳头肾。右肾呈蚕豆形，位于最后两肋间上端至第二腰椎横突腹侧，前端与肝相接。左肾后部稍宽，呈长椭圆形，位于第二至第四腰椎横突腹侧，但较游离。左右两肾均偏于体中线的右侧。肾总乳头渗出的尿液由扩展的肾盂收集后流入输尿管。鹿无肾盏。

4. 生殖系统

（1）公鹿生殖器官。睾丸、附睾以及副性腺都与牛的相似。阴茎的形态与牛的稍有不同。阴茎呈扁的圆柱状，阴茎体无S状弯曲，阴茎头呈钝圆锥状，头窝内有尿道突和尿道外口。

（2）母鹿生殖器官。母鹿生殖器官与牛相似。子宫的形态稍有不同。子宫为双角子宫，子宫角弯曲成螺旋形，右子宫角较长而粗。子宫体较短，子宫伪体较长。子宫颈管径很小，有明显的阴道部突入阴道内腔。在子宫角和子宫体的黏膜面上，每侧各有4~6个子宫阜。子宫体和子宫颈位置较固定，位于第三腰椎至第三荐椎间的腹腔和骨盆腔中。

整个阴道黏膜被中央的环行沟分为前后两部，阴道前部有子宫颈的阴道部、环形穹窿和较高的纵行黏膜皱褶；后部阴道壁较薄，有明显的阴瓣。

尿生殖前庭较短，介于阴瓣和阴门之间，其前端底壁有尿道外口和尿道憩室。

二、生理特征

梅花鹿、马鹿15~18月龄开始性成熟，为季节性多次发情，在北方秋冬季节的9—11月是鹿发情配种时期。发情周期平均12d左右，每次发情持续时间为12~36h。发情期的雄鹿有排尿及泥浴行为，表现为先靠近湿地，然后排尿，再趴卧，并在湿地上来回滚动及摩擦其阴部，使混有尿液的土沾满全身，有利于保持气味。雌鹿也有泥浴行为，但一般不排尿，只泥浴。梅花鹿的妊娠期为235~245d，马鹿为250d。分娩期在次年4—6月，多数产1仔，少数产双仔，初生梅花鹿重5.8~6.5kg。

鹿的正常生理常数：成年鹿的体温为38.2~39.0℃，仔鹿的为38.5~39.0℃。成年鹿的心率为40~78次/min，仔鹿的为70~120次/min。成年鹿的呼吸频率为15~25次/min，仔鹿的为12~17次/min。

课题4　鸵鸟的解剖生理特征

一、解剖结构特征

鸵鸟是世界上现存的最大、最重的鸟类。它生活在干旱、气候恶劣、食物缺乏的沙漠地带，以草食为主。家养鸵鸟起源于南非，历史悠久。近年来风靡全球的养鸵业主要以饲养非洲鸵鸟为主，其次是美洲、澳洲鸵鸟。

(一)骨骼、肌肉与被皮

鸵鸟的运动系统、被皮系统与鸡的基本相同，但有其自身特点。

(1) 鸵鸟的主要外貌特征是头小，眼大，颈长，腿粗且长，适于奔跑，不会飞翔。鸵鸟行走非常快捷，奔跑的时速可达 40~70km，步距可达 8m。非洲鸵鸟为二趾鸟，内趾最大，爪较锋利，外趾小，无爪，趾间有蹼。美洲与澳洲鸵鸟是三趾鸟。鸵鸟视觉发达，其瞬膜（第三眼睑）能阻挡风沙和保护眼睛。

(2) 头骨很薄且疏松，呈海绵状。头颈衔接处脆弱，遇外力作用易导致头与颈分离。鸵鸟胸骨宽而平坦，其下方无龙骨嵴，也无肌肉。胸骨、锁骨、肩胛骨连于一体，缺乏灵活性（图 6-8）。

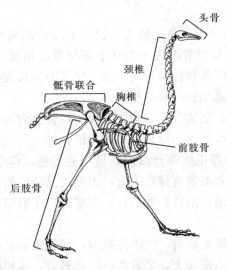

图 6-8 鸵鸟全身骨骼

(3) 全身除颈部上 3/4 及大腿无羽毛外，其余部位均被覆羽毛。雌、雄鸟羽毛颜色分明，雄鸵鸟的羽毛呈黑色，雌鸵鸟呈浅棕灰色。羽毛疏松柔软不形成羽片。翅羽主要用于平衡身体，在寒冷季节用以保温，交配时用于求偶。种鸵鸟也常用翅羽保护小鸵鸟及巢中的蛋。

(4) 鸵鸟尾综骨退化，缺乏尾脂腺。

(二)内脏

鸵鸟是草食禽类，内脏解剖构造与鸡基本相同，但也有其自身的特征。

1. 消化系统 口咽部构造简单，无唇和齿。硬腭正中有一纵向裂缝，是鼻后孔的开口，稍后方为咽鼓管咽口。无软腭，口腔与咽合为一腔，分前口部及后咽部。唾液中无消化酶。喙为上下略扁的短圆锥状，前端钝圆，后部较宽，便于啄食和扯断植物。

食管较长，无嗉囊。胸段食管穿行于两肺之间，末端在腹腔左侧与腺胃贲门连通。胃包括腺胃和肌胃，两胃室间有较粗的通道。

腺胃呈向上弯曲的壶腹状，内腔很大，位于肌胃上方并偏于腹腔左侧。其黏膜的大部分是无腺区。有腺区仅位于大弯内壁，呈两端宽中间窄的长条状，可分泌胃蛋白酶原和盐酸。腺胃的主要机能是贮存食物，对食物进行初步消化。

肌胃又称砂囊，胃内常有沙砾。为侧扁的圆形肌质性器官，位于腺胃腹侧、肝的后方。

肌胃的肌层呈暗紫红色，较厚，两侧外壁有坚韧的外膜。黏膜表面衬有坚韧的类角质膜，主要作用是磨碎食物。成年鸵鸟的胃一般在1.5kg左右。

鸵鸟的小肠、大肠与鸡的相似。盲肠特别发达，左、右各一条，直肠在接泄殖腔之前形成一个直肠囊。

泄殖腔为消化道、泌尿道、生殖道末端开口的腔体，由前向后依次为粪道、泄殖道和肛道三部分，具有排粪、排尿和生殖的功能，与鸡的相似。

肝位于胸骨的上方，呈蓝棕色，质地较硬，分左右两叶，每叶的脏面各有一肝门，肝动脉、门静脉等由此进出。鸵鸟无胆囊，但肝右叶的肝管稍粗，内贮存鲜绿色的胆汁，开口于十二指肠。胰呈长条状，位于十二指肠的上行段与下行段之间，胰管开口于十二指肠的末端。

2. 呼吸系统 鼻腔比较狭短，鼻孔较大，位于上喙后部两侧。孔缘有膜质鼻瓣，无羽毛覆盖。鼻腔内有鼻腺，参与调节渗透压。眶下窦与鼻腔相通，窦壁为膜质，位于上颌外侧、眼球前下方。发生某些呼吸道传染病时，眶下窦常有异常变化。

气管、支气管、肺的形态结构与鸡的相似。

鸵鸟具有成对的腹气囊、后胸气囊、前胸气囊、锁骨胸内外气囊和颈气囊。臂骨是鸵鸟唯一一个有气腔的骨。气囊有贮气、散热等多种功能。

3. 泌尿系统 肾位于腰荐椎腹侧肾窝内，呈巧克力色，体积较大，分前叶、中叶和后叶。无肾门和肾盂，输尿管和血管直接出入肾，表面可见清晰的肾小叶轮廓。

输尿管由肾中叶前端伸出，沿肾腹面后行，末端开口于泄殖道背侧。鸵鸟无膀胱。

4. 生殖系统

（1）公鸵鸟生殖器官。睾丸成对，位于腹腔内，以较短的系膜悬挂在肾前叶的腹面。性成熟前，睾丸体积较小，如小指头大，呈黄色；性成熟后，体积增大到鸡蛋大，灰白色，睾丸内曲精小管吻合成网。附睾呈细小的纺锤形，紧附于睾丸内侧，内部为弯曲迂回的附睾管，外包被膜。

输精管成对，是弯曲的细长管道，末端形成扩大部和射精管，开口于泄殖道内背侧。鸵鸟无副性腺，精清由输精管上皮细胞、附睾管和睾丸曲精小管的支持细胞产生。精清与精子在输精管内混合成为精液。

阴茎是公鸵鸟泄殖腔后端底壁延长的生殖隆突。性未成熟时阴茎细小，性成熟后阴茎体积很大，呈长舌状。阴茎头向左稍弯，阴茎体腹面有螺旋状输精沟。当阴茎勃起时，输精沟闭合成管，可将射精突射出的精液输导到母鸵鸟泄殖腔中。交配结束后，阴茎回缩到泄殖腔底壁上。

（2）母鸵鸟生殖器官。仅有左侧卵巢和输卵管，右侧退化。

①卵巢。卵巢以较短的系膜悬挂于肾前叶下方偏左侧，成熟卵泡体积最大，突出于卵巢表面。雏鸟的卵巢呈扁平的椭圆形，表面呈颗粒状，有很小的卵泡。成年鸵鸟卵巢由大小不等的卵泡构成葡萄串状。卵泡体积较大，有细长的卵泡柄与卵巢相连。

②输卵管。输卵管是一条大小不一且长而弯曲的管道，以韧带悬挂于腹腔左上方。输卵管由前向后依次分为漏斗部、蛋白分泌部、峡部、子宫部和阴道部。

二、生理特征

1. 消化生理 鸵鸟的消化吸收作用主要在小肠。当鸵鸟采食及胃排空时，有助小肠液、胆汁、胰液等消化液的分泌，消化液中含有的消化酶对小肠内容物进行分解，营养成分主要在小肠内被吸收，余下的食物残渣进入大肠。食物中的粗纤维主要在盲肠和结、直肠近端通过较强的生物学消化作用发酵和分解，产生挥发性脂肪酸，被肠黏膜上皮吸收。此外，盲肠还可吸收水分和含氮物质，合成B族维生素。结肠、直肠的主要作用是吸收部分水和盐，形成粪便并排出。

2. 泌尿生理 主要特点是肾小管分泌和重吸收作用较强，尿液中尿酸盐浓度较高。鸵鸟排粪和排尿是两种独立活动，先排尿后排粪。

3. 呼吸生理 鸵鸟的呼吸生理与家禽的相似，非洲鸵鸟呼吸频率为6~12次/min，炎热季节可增加5倍。

4. 生殖生理 公鸵鸟性成熟期约在4岁。公鸵鸟进入繁殖期时，睾丸素分泌较多。睾丸素可促进公鸵鸟产生性欲及使喙、脚等处的皮肤转为猩红色，这是公鸵鸟生殖能力强盛的外在标志。

母鸵鸟从18~24月龄起出现有零星产蛋现象，到3岁时产蛋量才趋于正常。因此，一般把3岁定为母鸵鸟性成熟期。鸵鸟蛋重一般在1 100~1 800g。

鸵鸟有筑巢和抱窝行为，由公、母鸟共同承担。筑巢以公鸟为主，母鸟协助。抱窝以母鸟为主，公鸟承担翻蛋和警戒任务。

【实验实习与技能训练】

经济动物内脏器官的观察

（一）目的要求

了解当地主要经济动物骨骼、肌肉与被皮的形态结构特点，掌握内脏（消化、呼吸、泌尿、生殖各系统的所有器官）的组成、构造特点和生理特性。

（二）材料及设备

当地主要经济动物的浸制内脏器官标本、干制标本或新鲜的经济动物内脏离体标本、解剖刀、剪、镊、钳、板。

（三）方法步骤

1. 兽类经济动物内脏器官的观察

（1）消化系统各器官的观察。观察口腔、咽、食管、胃、小肠（十二指肠、空肠、回肠）、大肠（盲肠、结肠、直肠）、肛门、肝和胰。注意口腔的上下唇、鼻唇镜、牙齿、硬腭、软腭、舌、唾液腺；咽部黏膜和连通位置；食管的分段及其位置；胃的分室和室间通口、贲门、幽门；小肠的十二指肠袢、空肠系膜和空肠袢的位置、回肠回盲瓣和圆小囊；大肠的盲肠盲端、盲肠形状和位置；结肠袢的分段和位置、直肠壶腹；肝位置、形态和分叶、胆囊和胰小叶等。

（2）呼吸系统各器官的观察。观察鼻腔、咽、喉、气管、支气管和肺。注意鼻腔、鼻黏膜、鼻道；喉部的喉门、喉软骨、喉黏膜；气管和支气管的软骨环、黏膜；肺部的肺分叶、小叶、心压迹等。

（3）泌尿系统各器官的观察。重点观察肾，注意观察肾表面的纤维膜、肾皮质、肾髓质、肾乳头、肾门。

（4）生殖系统各器官的观察。观察公兽的睾丸、附睾、输精管、精索、副性腺、尿生殖道、阴茎、包皮和阴囊。其中重点注意观察睾丸的头、体、尾三部分；附睾的位置关系；输精管的起止端和输精管壶腹等。

观察母兽的卵巢、输卵管、子宫、阴道、尿生殖前庭和阴门。其中重点注意观察卵巢囊和卵泡；输卵管的输卵管伞、腹腔口、子宫口、壶腹部、漏斗部、子宫部。

教师边解剖边讲解、示范，有条件的可让学生分组进行解剖观察。

2. 鸵鸟内脏器官的观察

（1）消化系统各器官的观察。观察口咽、食管、胃、十二指肠、空肠、回肠、盲肠、直肠和泄殖腔，注意口咽部的喙、舌、硬腭；食管的位置；腺胃的有腺部、肌胃的类角质膜、肌层、外膜、胃间通口和幽门；十二指肠袢、空肠及系膜、回肠长度和相邻器官、盲肠的基部、体部、尖部；直肠囊；注意区分泄殖腔的粪道、泄殖道、肛道、泄殖孔、腔上囊；肝的形状、色泽、质地、分叶；胰的位置。

（2）呼吸系统各器官的观察。观察鼻腔、喉、气管、鸣腔、支气管和肺。注意鼻孔、鼻后孔、喉口、喉软骨、气管环、鸣膜、支气管黏膜、肺的位置、肺门。

（3）泌尿系统各器官的观察。观察肾，注意肾的分叶和肾小叶。

（4）生殖系统各器官的观察。观察公鸵鸟的睾丸、附睾、输精管和阴茎。重点注意睾丸的位置和大小；附睾的位置；输精管的扩大部和起止端。

观察母鸵鸟的卵巢和输卵管，注意卵巢位置和卵泡；输卵管的位置和起止端、漏斗部、蛋白分泌部、峡部、子宫部、阴道部。

教师边解剖边讲解、示范，有条件的可让学生分组进行解剖观察。

（四）技能考核

分别将某一兽类经济动物和鸵鸟的完整内脏（消化、呼吸、泌尿、生殖各系统的所有器官）取出，识别各器官的形态构造。

【复习思考题】

1. 简述兔的消化器官结构和生理特点。
2. 简述母兔生殖器官的结构特点。
3. 狐及水貂内脏主要器官有哪些解剖生理特点？
4. 鹿和牛的内脏器官构造有何不同？
5. 鸵鸟的外形特征有哪些？
6. 鸵鸟和鸡的内脏器官构造有何区别？

参考文献

陈杰，2010. 家畜生理学 [M]. 4 版. 北京：中国农业出版社.
董长生，2009. 家畜解剖学 [M]. 3 版. 北京：中国农业出版社.
范作良，2001. 家畜解剖 [M]. 北京：中国农业出版社.
广东省仲恺农业技术学校，1987. 家畜解剖生理学 [M]. 2 版. 北京：农业出版社.
马仲华，2002. 家畜解剖及组织胚胎学 [M]. 3 版. 北京：中国农业出版社.
内蒙古农牧学院、安徽农学院，1990. 家畜解剖学及组织胚胎学 [M]. 2 版. 北京：农业出版社.
彭克美，2009. 畜禽解剖学 [M]. 北京：高等教育出版社.
山东畜牧兽医学校，2000. 家畜解剖生理 [M]. 3 版. 北京：中国农业出版社.

图书在版编目（CIP）数据

畜禽解剖生理／盖晋宏主编 . —3 版 . —北京：
中国农业出版社，2019.1（2023.12 重印）
中等职业教育国家规划教材　全国中等职业教育教材
审定委员会审定　中等职业教育农业农村部"十三五"规划教材
ISBN 978-7-109-18850-1

Ⅰ.①畜…　Ⅱ.①盖…　Ⅲ.①畜禽－动物解剖学－生理学－中等专业学校－教材　Ⅳ.①S852.1

中国版本图书馆 CIP 数据核字（2017）第 041537 号

中国农业出版社出版
（北京市朝阳区麦子店街 18 号楼）
（邮政编码 100125）
责任编辑　李　萍
文字编辑　弓建芳

三河市国英印务有限公司印刷　新华书店北京发行所发行
2001 年 12 月第 1 版　2019 年 1 月第 3 版
2023 年 12 月第 3 版河北第 7 次印刷

开本：787mm×1092mm　1/16　印张：11.5
字数：260 千字
定价：31.50 元

（凡本版图书出现印刷、装订错误，请向出版社发行部调换）